油田企业模块化、实战型技能培训系列教材

油管(杆)修复岗
技能操作标准化培训教程

丛书主编　陈东升

本书主编　张秀占

U0904176

中国石化出版社

图书在版编目(CIP)数据

油管(杆)修复岗技能操作标准化培训教程／陈东升，张秀占主编.—北京：中国石化出版社，2022.3
油田企业模块化、实战型技能培训系列教材
ISBN 978-7-5114-6575-7

Ⅰ.①油… Ⅱ.①陈… ②张… Ⅲ.①石油管道-管道维修-技术培训-教材 Ⅳ.①TE973.8

中国版本图书馆CIP数据核字(2022)第024011号

未经本社书面授权，本书任何部分不得被复制、抄袭，或者以任何形式或任何方式传播。版权所有，侵权必究。

中国石化出版社出版发行
地址:北京市东城区安定门外大街58号
邮编:100011　电话:(010)57512500
发行部电话:(010)57512575
http://www.sinopec-press.com
E-mail:press@sinopec.com
北京艾普海德印刷有限公司印刷
全国各地新华书店经销
*
787×1092毫米16开本8印张159千字
2022年3月第1版　2022年3月第1次印刷
定价:58.00元

《油田企业模块化、实战型技能培训系列教材》编委会

主　　任　张庆生

副 主 任　蔡东清

成　　员　陈东升　康永华　章　胜　马传根　祖钦先

房彩霞　马颖芳　翼　丽　宫红茹

《油管（杆）修复岗技能操作标准化培训教程》
编委会

主　　任　张寿根

委　　员　左宏斌　吴培召　崔衍领　张秀占　杨忠文
　　　　　郑现锋

编写人员

主　　编　张秀占

副 主 编　杨忠文

编写人员　张秀占　杨忠文　孔大兵　张永斌　孙智杰
　　　　　于　震

审核人员

主　　审　郭玉峰

审核人员　刘新伟　孙新成　迟彦东　贾宝峰

序　言

为贯彻落实中原石油勘探局有限公司、中原油田分公司（以下简称中原油田）人才强企战略，通过开展专项技能培训和考核，全面提升技能操作人员工作水平，促进一线生产提质增效，由中原油田人力资源部牵头，按照相关岗位学习地图，分工种编写了系列教材——《油田企业模块化、实战型技能培训系列教材》，本书是其中一本。

本书具有鲜明的实战化特点，所有内容模块都围绕生产实际业务或操作项目设置，既能成为提升实际工作能力的培训教材，也可以作为指导岗位操作的工具书。其内容具备系统性，既包括施工前准备、执行操作流程、操作要点与质量标准，也包括安全注意事项及事故应急处理等内容，体现了“以操作技能为核心”的特点。所有编写人员均来自基层单位，有基层技能操作专家，也有技术骨干等，真正体现出“写我所干，干我所写”的理念。

本书适用于相关工种员工的日常学习，以及基层单位组织集中培训、岗位练兵等使用，每本教材后都附有本工种学习地图，使本工种各技能等级员工都能找到自己的努力方向和学习内容，为广大员工开展个性化岗位学习、提高学习效率点亮一盏指路明灯。

同时，本书也向广大读者传达一种“学、做翻转”的人才培训思路：即打破参加培训就是到课堂学习知识的传统思维方式，把“学习知识、了解流程、掌握标准”的活动放在工作岗位，通过对教材内容的学与练，提升职业技能水平；只有遇到岗位学习或工作中难以解决的问题时，才考虑参加集中培训，通过对具体问题解决过程的体验、学习与感悟，提升学习者解决实际问题的能力。

当然，本书的编写也是实战型培训教材开发的初步实践，尽管广大编者尽其所能投入编写，也难免存在有不妥之处。期望广大读者、培训教师、技术专家及培训工作者多提宝贵意见，以促进教材质量不断提高。

《油田企业模块化、实战型技能培训系列教材》编写委员会

2022 年 2 月

前　言

为加强培训资源建设，推进全员培训的深入开展，中原油田梳理了近些年培训教材开发成果，调研了企业的培训教材需求，开发了中原油田模块化、实战型技能操作标准化培训丛书。通过培训丛书的编写，初步构建起中原油田实际操作的技能培训教材体系。这套丛书围绕企业生产经营对岗位能力的要求、队伍建设和员工成长的需要，以提高全体员工履行岗位职责的实际工作能力为重点，把研究和解决生产经营、改革发展面临的新挑战、新情况、新问题作为重要目标，把全体员工在实践中创造的好经验、好做法作为重要内容，具有较强的实践性和针对性。

《油管（杆）修复岗技能操作标准化培训教程》是面向油田企业信息化改造后的油管（杆）修复人员所需岗位技能而编写的培训教材。教材的编写本着以职业活动为导向，以职业技能为核心，遵循统一规范和科学实用性的原则，结合人才培养的梯次性需要，内容力争涵盖初级工、中级工、高级工和技师应掌握的岗位操作技能，突出教材的模块化。本书较充分考虑了油田企业油管杆修复流水线工艺特点、设备及最新技术的发展现状，并重点考虑安全生产需要，旨在提高操作人员的安全风险意识、自我保护能力和规范化操作意识，突出教材的安全性与先进性。以解决生产业务实际问题为重点，努力与生产一线贴近，与现场实际贴近。教材内容章节单元排列与生产工艺流程相一致，让教材发挥出岗位工作指导书、工具书的作用，突出教材的实用性。

本书主要为技能操作标准化培训教材，全书共分七个单元：第一单元介绍了油管、抽油杆的识别。第二单元介绍了油管、抽油杆的检修工艺。第三单元介绍了油管、抽油杆检修成品抽检及失效分析。第四单元介绍了设备的维护保养和故障排除。第五单元介绍了工用具的使用。第六单元介绍了安全保障设备的使用。第七单元介绍了相关技能。

由于编者水平有限，疏漏、错误之处在所难免，恳请广大读者提出宝贵意见。

目　录

单元一　油管(杆)及接箍的识别

油管(杆)修复工日常工作是通过多道工序对井上回收的油管、抽油杆进行检测、修复合格再使用。需具备正确识别油管、抽油杆及接箍的类别、规格、型号、等级的能力，并分类进行检测、修复和存放，满足采油、采气需求。

项目一　常用油管的识别

1　项目简介

油管(图1－1)是在钻探完成后，将原油和天然气从油气层运输到地表的管道。油管之间通过接箍连接。常用油管分为不加厚油管(NU)(俗称平式油管)、外加厚油管(EU)等。不加厚油管是指管端不经过加厚而直接车螺纹并戴上接箍的油管。外加厚油管是指两管端经过外加厚以后，再车螺纹并戴上接箍的油管。

图1－1　常用油管实物图

正确识别常用油管规格，保证在日常的修复工作中能按规格进行检测、修复，分类存放，并能满足采油、采气需求。

2　操作前准备

2.1　穿戴整齐劳保用品。主要包括防静电工服、防静电绝缘鞋、防油手套、安全帽。

2.2　准备工用具和材料：

150mm 游标卡尺 1 把、钢丝刷 1 把、棉纱适量、清洁油(剂)适量、护目镜 1 副、记录笔 1 支、报告单 1 张、不加厚和外加厚油管各 1 根。

2.2.1　清洁游标卡尺表面及量爪的油污。

2.2.2　检查游标副尺移动是否灵活，量爪有无损伤，主尺与游标的零刻度线是否对齐，如没有对齐，记录零误差。

3　操作步骤

3.1　戴上护目镜，用钢丝刷清理油管外螺纹杂质，用清洁油(剂)清洁油管表面及螺纹的油污，用棉纱擦拭干净。

3.2　了解常用油管主要标识的含义。

3.3　使用游标卡尺分别测量油管外径、内径尺寸，读取数值并进行记录。

3.4　将测得的公制尺寸换算成英制尺寸，通过外径识别油管的规格。

3.5　填写报告单。

4　操作要点

4.1　油管本体及螺纹应保持干净无油污。

4.2　油管标识举例如图 1－2 所示。

图 1－2　油管本体标识

CBC1—生产厂家班次；5CT－0507—执行的标准；901—日期；73.02×5.51—外径和壁厚；N1—钢级；S—无缝钢管；P 66.5—静水压；EU—加厚油管

4.3　测量方法如图 1－3、图 1－4 所示。

4.4　在游标卡尺上读取数值时，视线应和卡尺刻度线表面垂直。

4.5　公制与英制尺寸换算方法：1in＝25.4mm。

举例：测量得到油管外径尺寸为 73.00mm，

换算成英制尺寸为 73.00÷25.4＝2.874in；

识别规格为 2.874×8/8＝2＋0.874×8/8 ＝$2\frac{7}{8}$ in。

4.6　换算英制尺寸时，小数点后保留 3 位。

4.7　油管规格(图 1－5)及尺寸表(表 1－1)。

图1-3　测量油管外径

图1-4　测量油管内径

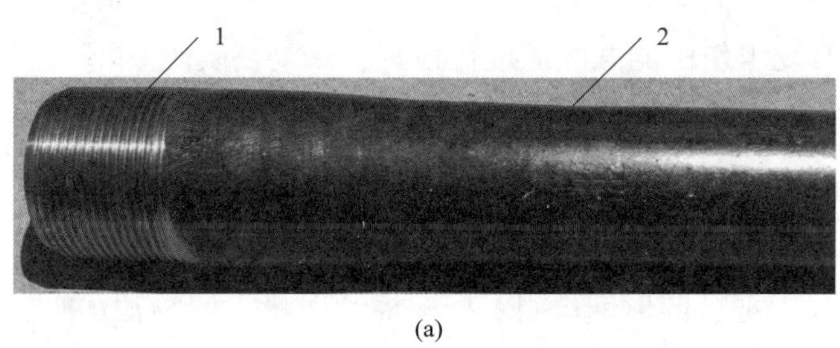

(a)

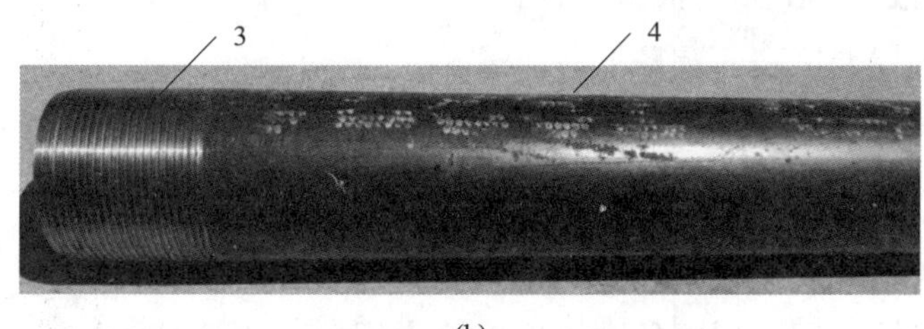

(b)

图1-5　油管端部

1—外加厚油管螺纹；2—外加厚油管；3—不加厚油管螺纹；4—不加厚油管

表1-1　API常用油管规格及尺寸对应表

公称尺寸/in	不加厚油管外径/mm	不加厚油管内径/mm	外加厚加厚端外径/mm	外加厚油管内径/mm
$2\frac{3}{8}$	60.32	50.66	65.89	50.66
$2\frac{7}{8}$	73.02	62.00	78.59	62.00
$3\frac{1}{2}$	88.90	76.00	95.25	76.00

4.8　报告单应填写公制尺寸、英制尺寸和识别的油管规格。

5　安全注意事项

5.1　确认油管摆放架四周无障碍物，安全通道畅通。

5.2　确认油管摆放牢靠，并防止油管砸伤。

5.3　禁止操作人员在油管上行走。

5.4　按要求佩戴护目镜，防止杂质进入眼睛。

5.5　使用工用具时要轻拿轻放，且摆放整齐。

6　应急事故预防及处置

6.1　清理螺纹时异物飞入眼睛，应及时清理，严重时送医院医治。

6.2　摆放时如有碰伤，先用急救箱处理伤处，严重时送医院医治。

项目二　常用油管接箍的识别

1　项目简介

油管接箍是内螺纹结构，主要用于油管之间的连接。通过识别常用接箍的规格、尺寸，确保在日常的修复工作中能准确地进行检测、修复、装配。

2　操作前准备

2.1　穿戴整齐劳保用品。主要包括防静电工服、防静电绝缘鞋、防油手套、安全帽。

2.2　准备工用具和材料：

150mm 游标卡尺 1 把、圆形钢丝刷 1 把、棉纱适量、清洁油(剂)适量、护目镜 1 副、记录笔 1 支、空白报告单 1 张、油管接箍若干。

2.2.1　清洁游标卡尺表面及量爪的油污。

2.2.2　检查游标副尺移动是否灵活，量爪有无损伤，主尺与游标的零刻度线是否对齐，如没有对齐，记录零误差。

3　操作步骤

3.1　戴上护目镜，用圆形钢丝刷清理接箍内螺纹，用清洁油(剂)清洁接箍内外表面杂质，并用棉纱擦拭干净。

3.2　测量尺寸。使用游标卡尺测量油管接箍的长度、外径、承载面的宽度，读取数值并记录。

3.3　根据测量数值识别常用油管接箍规格并记录，见表 1－2。

表 1－2　API 常用油管接箍尺寸对应表

规格	外径/mm	最小长度/mm	承载面宽度/mm
2⅜in TBG	73.02	107.95	4.76
2⅜in UPTBG	77.80	123.82	3.97
2⅞in TBG	88.90	130.18	4.76
2⅞in UPTBG	93.17	133.35	5.56
3½in TBG	107.95	142.88	4.76
3½in UPTBG	114.30	146.05	6.35

3.4　掌握常用接箍标识含义。

3.5　填写报告单。

4　操作要点

4.1　接箍表面及螺纹应干净无油污。

4.2　接箍测量方法如图1-6~图1-8所示。

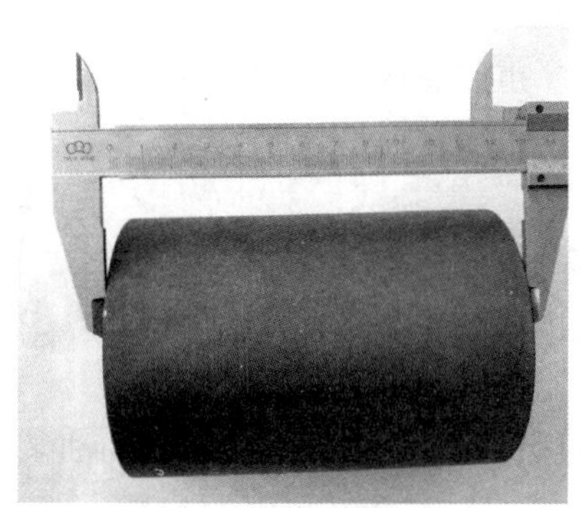

图1-6　测量接箍长度

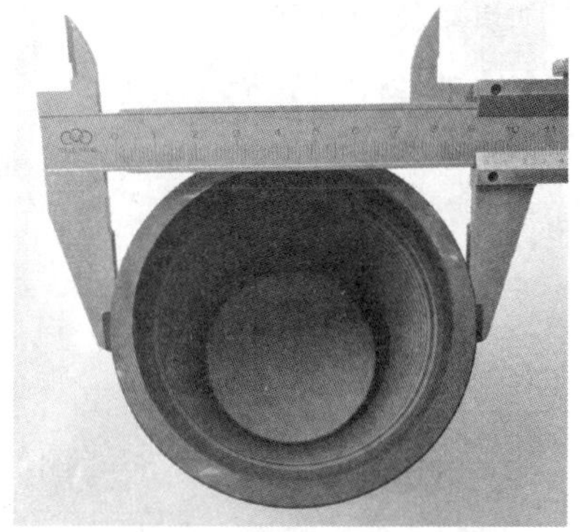

图1-7　测量接箍外径

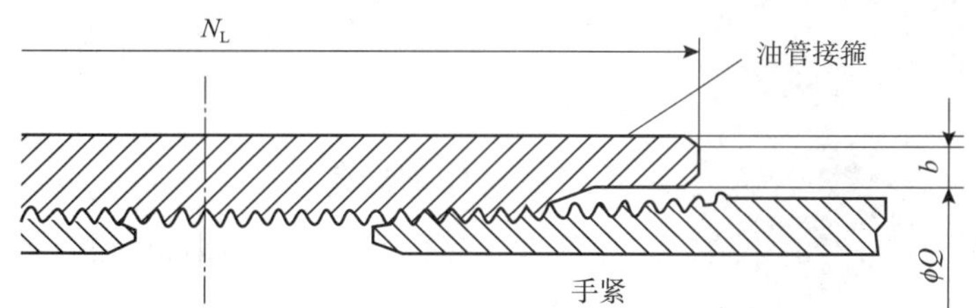

图1-8　接箍承载面宽度

注：图中 b 为承载面宽度。

4.3　在游标卡尺上读取数值时，视线应和卡尺刻度线表面垂直。

4.4　油管接箍标识举例，如图1-9所示。

图1-9　油管接箍

HJ—生产厂家；5CT—执行标准；1217—API证书编号；

2⅞　规格(in)；NU—不加厚油管接箍代号；N—N80(钢级)

4.5　报告单应填写测量的尺寸及接箍规格。

5　安全注意事项

5.1　确认油管接箍摆放牢靠，并防止接箍砸伤。

5.2　按要求佩戴护目镜，使用圆形钢丝刷清理螺纹时动作应轻缓，防止杂质进入眼睛。

5.3　使用工用具和油管接箍时要轻拿轻放，且摆放整齐。

6　应急事故预防及处置

6.1　清理螺纹时异物飞入眼睛，要及时清理，严重时送医院医治。

6.2　摆放时如有碰伤，先用急救箱处理伤处，严重时送医院医治。

项目三　常用抽油杆的识别

1　项目简介

钢制抽油杆是实心圆形断面的钢杆，两端镦粗且带螺纹接头，是有杆泵抽油装置中的一个重要组成部分。本项目以常用钢制抽油杆(图1－10)为例，通过识别规格、等级等要素，保证在日常的工作中，能够正确地分规格检测、修复，分类存放，并能满足采油、采气需求。

图1－10　常用抽油杆实物图

2　操作前准备

2.1　穿戴整齐劳保用品。主要包括防静电工服、防静电绝缘鞋、防油手套、安全帽。

2.2　准备工用具和材料：

150mm游标卡尺1把、钢丝刷1把、棉纱适量、清洁油(剂)适量、护目镜1副、记录笔1支、空白报告单1张、抽油杆若干。

2.2.1　清洁游标卡尺表面及量爪的油污。

2.2.2　检查游标副尺移动是否灵活、量爪有无损伤、主尺与游标的零刻度线是否对齐，如没有对齐记录零误差。

3　操作步骤

3.1　戴上护目镜，用钢丝刷清理外螺纹杂质，用清洁油(剂)清洁抽油杆表面及螺纹的油污，用棉纱擦拭干净。

3.2　识别抽油杆各部位名称并做好记录。

3.3　简述常用抽油杆标识的含义。

3.4　测量并读取抽油杆主要尺寸。

3.5　测得的公制尺寸换算成英寸。

3.6　填写报告单。

4　操作要点

4.1　抽油杆表面应清洁干净无油污。

4.2　抽油杆各部位名称，如图1－11所示。

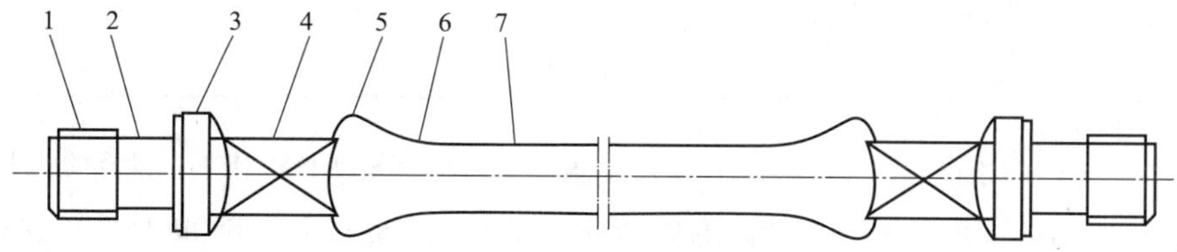

图1－11　常用抽油杆各部位示意图

1—螺纹(两端相同)；2—应力卸荷槽；3—外螺纹台肩；4—扳手方；5—镦粗凸缘；6—过渡区；7—杆体

4.3　标识举例如图1－12所示，图中 $\frac{\text{ZB}}{\text{7/8HY}}$ 标识含义：ZB—生产厂家；7/8—规格(in)；HY—抽油杆等级。

图1－12　抽油杆标识例图

4.3.1　常用抽油杆规格见表1－3，应符合标准SY/T 5029—2013表A.1的要求。

表1－3　常用抽油杆尺寸对应表

抽油杆公称尺寸/mm(in)		19/(3/4)		22/(7/8)		25/(1)	
杆体直径	尺寸	19.05	0.750	22.23	0.875	25.40	1.000
	公差	+0.20 −0.41	+0.008 −0.016	+0.20 −0.41	+0.008 −0.016	+0.20 −0.41	+0.008 −0.016
外螺纹台肩外径	尺寸	38.10	1.500	41.3	1.625	50.8	2.000
	公差	+0.13 −0.25	+0.005 −0.010	+0.13 −0.25	+0.005 −0.010	+0.13 −0.25	+0.005 −0.010
扳手方宽度	尺寸	25.40	1.000	25.40	1.000	33.34	1.3125
	公差	±0.79	±0.031	±0.79	±0.031	±0.79	±0.031

续表

抽油杆公称尺寸/mm(in)		19/(3/4)		22/(7/8)		25/(1)	
HY 抽油杆扳手方宽度	尺寸	25.40	1.000	28.50	1.122	33.34	1.3125
	公差	±0.79	±0.031	±0.79	±0.031	±0.79	±0.031
抽油杆长度(从一段外螺纹台肩接触面至另一端外螺纹台肩接触面)	尺寸	7518.4	296.0	7518.4	296.0	7518.4	296.0
		9042.4	356.0	9042.4	356.0	9042.4	356.0
		7898.4	311.0	7898.4	311.0	7898.4	311.0
		9898.4	389.0	9898.4	389.0	9898.4	389.0
	公差	±50.8	±2.0	±50.8	±2.0	±50.8	±2.0

4.3.2 井下常用抽油杆等级分 D 级、H 级。H 级又分为 HY 和 HL 两种类型。

HL 型：选用适当的材料和工艺(不包括淬火工艺)，使其力学性能达到 H 级的钢制抽油杆，称为材料型。

HY 型：采用表面淬火工艺，使力学性能达到 H 级的钢制抽油杆，称为工艺型。

4.4 使用游标卡尺测量抽油杆(图 1-13)标注的公制尺寸，准确读取数值并进行记录，记录时应带单位 mm。

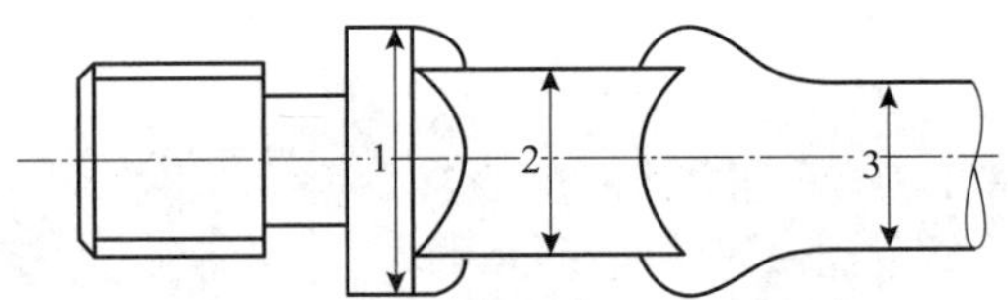

图 1-13 抽油杆测量示意图

1—外螺纹台肩外径；2—扳手方宽度；3—杆体直径

4.5 测量方法如图 1-14～图 1-16 所示。

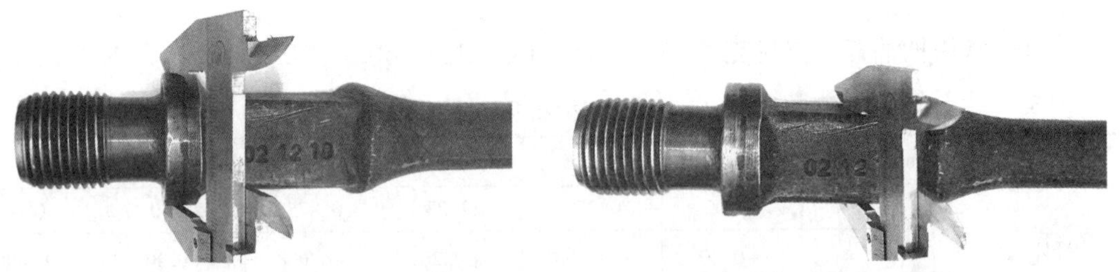

图 1-14 外螺纹台肩外径测量

图 1-15 扳手方宽度测量

图 1-16 抽油杆杆体直径测量

4.6　在游标卡尺上读取数值时，视线应和卡尺刻度线表面垂直。

4.7　公制和英制尺寸之间的换算方法，换算步骤参考本单元项目一常用油管的识别。

4.8　掌握外螺纹接头、扳手方的用途：外螺纹用来与接箍相连接，扳手方用来装卸抽油杆接箍。

4.9　报告单应填写公制尺寸、英制尺寸，并带单位；抽油杆标识含义；各部位名称以及识别的规格、等级。

5　安全注意事项

5.1　确认抽油杆摆放架四周无障碍物，安全通道畅通。

5.2　确认抽油杆摆放牢靠，并防止抽油杆砸伤。

5.3　禁止操作人员在抽油杆上行走。

5.4　按要求佩戴护目镜，防止杂质进入眼睛。

5.5　使用工用具时要轻拿轻放，且摆放整齐。

6　应急事故预防及处置

6.1　清理螺纹时异物飞入眼睛，应及时清理，严重时送医院医治。

6.2　摆放时如有碰伤，先用急救箱处理伤处，严重时送医院医治。

项目四　常用抽油杆接箍的识别

1　项目简介

抽油杆接箍两端有相同的内螺纹结构，主要用于连接抽油杆和短杆，或带有抽油杆螺纹的加重杆。了解不同规格的抽油杆常用接箍，可精确完成抽油杆和短杆装配组合。

识别常用抽油杆接箍规格、尺寸，了解抽油杆接箍各部位名称，掌握公制尺寸与英制尺寸之间的换算。

2　操作前准备

2.1　穿戴整齐劳保用品。主要包括防静电工服、防静电绝缘鞋、防油手套、安全帽。

2.2　准备工用具和材料：

150mm 游标卡尺 1 把、圆形钢丝刷 1 把、棉纱适量、清洁油(剂)适量、护目镜 1 副、记录笔 1 支、空白报告单 1 张、接箍若干。

2.2.1　清洁游标卡尺表面及量爪的油污。

2.2.2　检查游标副尺移动是否灵活、量爪有无损伤、主尺与游标的零刻度线是否对齐，如没有对齐，记录零误差。

3　操作步骤

3.1　戴上护目镜，用圆形钢丝刷清理内螺纹油污，用清洁油(剂)清洁接箍表面及内部螺纹，并用棉纱擦拭干净。

3.2 了解常用抽油杆接箍标识含义。

3.3 使用游标卡尺测量抽油杆接箍的长度、扳手方长度、外径，如图1－17所示。读取数值并记录。

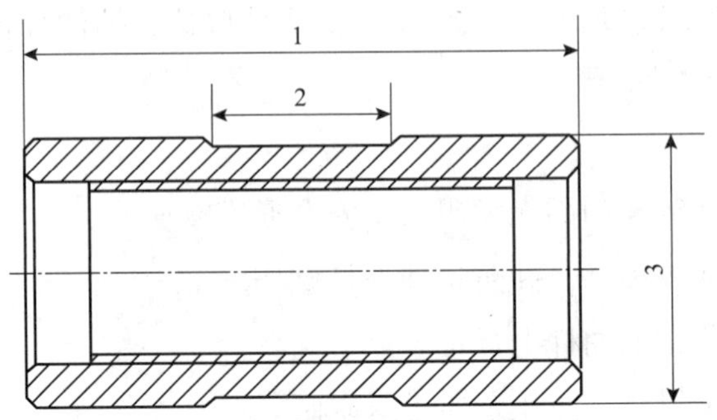

图1－17 抽油杆接箍示意图

1—接箍长度；2—扳手方长度；3—接箍外径

3.4 将测得的公制尺寸换算成英制尺寸，1in＝25.4mm，小数点后保留三位。记录换算后的尺寸。

3.5 在标识不清时，可根据表1－4确定抽油杆接箍规格(引自GB/T 5029—2013表C.1)。

表1－4 常用抽油杆接箍尺寸对应表

抽油杆接箍 公称尺寸/mm(in)	19/(3/4)		22/(7/8)		25/(1)	
外径	41.28	1.625	46.0	1.812	55.6	2.187
	+0.13 −0.250	+0.05 −0.010	+0.13 −0.250	+0.05 −0.010	+0.13 −0.250	+0.05 −0.010
长度	101.6	4.000	101.6	4.000	101.6	4.000
	+1.57 0	+0.062 −0.000	+1.57 0	+0.062 −0.000	+1.57 0	+0.062 −0.000
扳手方长度(最小)	31.8	1.2519	31.8	1.2519	38.1	1.5000

3.6 填写报告单。

4 操作要点

4.1 在游标卡尺上读取数值时，视线应和卡尺刻度线表面垂直。

4.2 常用抽油杆接箍标识举例(图1－18)。

图 1-18　常用抽油杆接箍例图

SL—生产厂家；7/8—接箍规格(in)；T—接箍等级；
SY/T5029—2013—推荐行业标准号；2018—3—生产年月

4.3　测量方法如图 1-19～图 1-21 所示。

4.4　换算方法：1in=25.4mm，换算英制尺寸时，小数点后保留三位。

4.5　常用抽油杆接箍按等级分为 T 级(整体热处理)或 SN 级(表面金属喷焊)。目前常用普通接箍为 T 级。

4.6　报告单应填写公制尺寸、英制尺寸，以及识别的接箍规格。

图 1-19　抽油杆接箍外径测量

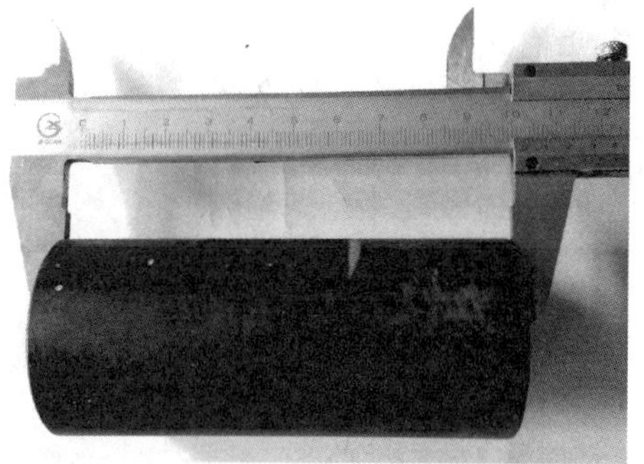

图 1-20　抽油杆接箍长度测量

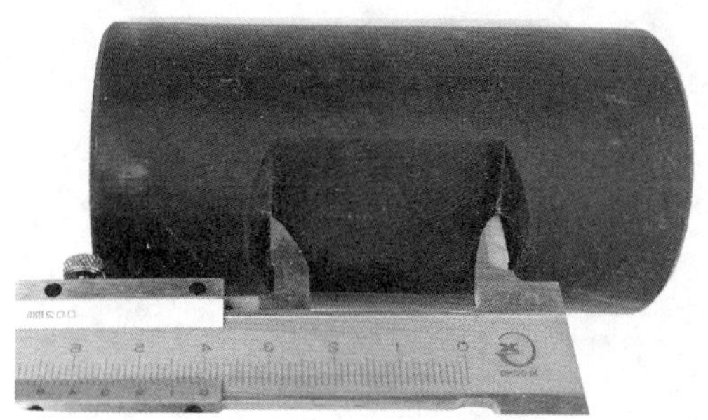

图 1-21　抽油杆接箍扳手方长度测量

5　安全注意事项

5.1　确认抽油杆接箍摆放牢靠，并防止接箍砸伤。

5.2 按要求佩戴护目镜，使用圆形钢丝刷清理螺纹时动作应轻缓，防止杂质进入眼睛。

5.3 使用工用具和抽油杆接箍时要轻拿轻放，且摆放整齐。

6 应急事故预防及处置

6.1 清理螺纹时异物飞入眼睛，应及时清理，严重时送医院医治。

6.2 摆放时如有碰伤，先用急救箱处理伤处，严重时送医院医治。

单元二　油管(杆)检修工艺流程

模块一　油管检修工艺流程

油管检修工艺日常工作是将井上回收的油水井管通过人工分选、清洗、通径、探伤、试压、更换接箍、修扣、分类摆放等过程，达到相应的技术指标，再进行二次使用。熟练掌握该工艺，便于按标准执行检修工作，检修流程如图 2－1 所示。

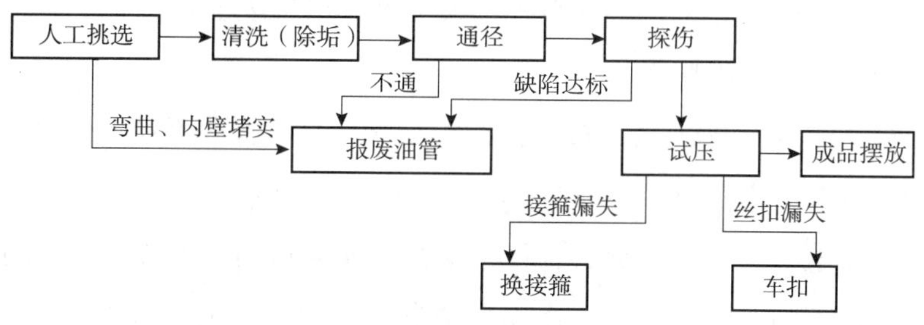

图 2－1　油管检修流程图

项目一　油管清洗

1　项目简介

油管清洗工艺常用的有两种，一种是热水浸泡清洗工艺，另一种是热辐射清洗工艺。本项目以热水浸泡清洗工艺为例进行学习。

待检修油管经人工分选上架摆放，传输到流水线上，进入加热箱，高温软化表面及内壁油污后，冲洗油管内、外壁，传输出箱体外；利用外洗机对油管本体残留的油污进行刷洗，达到内外表面无油污，为探伤工序做准备。

设备组成：主要有油管直燃加热系统、内壁清洗系统、自动控制系统、除油排污系统、传输系统、通刺清洗系统、外洗系统等。

2 操作前准备

2.1 穿戴整齐劳保用品。主要包括防静电工服、防静电工鞋、防油手套、安全帽(工帽)、耳塞。

2.2 检查各传动部件是否润滑到位。

2.3 检查加热箱水位，应保持在溢流口下方20~50mm处。

2.4 检查燃气供气压力，应在0.004~0.008MPa范围内。

2.5 检查气动压力，应在0.4~0.6MPa范围内。

2.6 检查配电柜电流表、电压表、工作指示灯。如有异常必须向上级汇报，等候专业电工维修。

2.7 检查外洗机钢丝刷磨损情况，如磨损到不能有效接触油管外壁时应进行更换。

3 操作步骤

3.1 打开天然气控制阀。设定加热炉加热温度为90℃。

3.2 打开电源，启动燃烧器点火开关，确认各项指示灯正常。

3.3 待清洗油管吊装上架，摆放整齐，人工挑选出报废油管。

3.4 去除油管外壁的附属物。

3.5 清洗箱水温升至90℃后，接通控制柜电源，启动操作系统，选择手动挡试运行。

3.6 启动外洗泵、内洗泵，运行5~10min运转正常后，顺序启动传输线。

3.7 启动工作电机，运行平稳后，将手动挡转换为自动，系统进入自动清洗模式。

3.8 自动模式下随时观察上料、出料、清洗效果及设备运行情况，如有异常立即按急停按钮，排除故障后方可继续运行。

3.9 停止运行前，用手动操作方式，排空清洗箱管架的油管。

3.10 清洗完毕后，关闭燃烧器、天然气控制阀、电源、压缩气源。

3.11 清理现场，填写生产报表。

4 操作要点

4.1 清洗前严格按标准对油管进行分选，对管体螺旋形弯曲、管体弯曲半径小于100mm、内壁堵实、管体变形2处以上、管壁腐蚀穿孔破裂的油管做好标识处理，分类处置。

4.2 清洗温度不能低于90℃，对油管内、外壁油蜡较厚的，适当延长浸泡时间，保证清洗后的管体干净无油污。

4.3 定期检查浮油状态，进行补水，使浮油溢出。

4.4 定期打开排污泵进行排污，排污后箱体内进行补水。

4.5 随时观察温控仪、燃烧器工作是否正常。

4.6 随时观察进、出料口油管行走信号，如有报警，立即按下急停按钮。

5 安全注意事项

5.1 规范穿戴劳保用品。

5.2 操作人员之间应做好监护、配合，防止油管翻滚、掉落，挤伤、砸伤人。

5.3 设备运转时，禁止身体任何部位进入防护区内，防止发生机械伤害。

5.4 有安全警示的区域，禁止随意进入。

5.5 有高温热源处，安全防护应到位，防止烫伤。

6 应急事故预防及处置

6.1 操作人员协同操作时，应使用清晰、明确信号。

6.2 设备安全防护装置和安全附件应确保完好。

6.3 设备运转时，发生异常，立即按下设备急停按钮并及时处置。

6.4 发生机械伤害事故，应及时处置，严重时送医院医治。

6.5 发生烫伤事故后，将伤口迅速用干净流动的冷水冲洗，严重时送医院医治。

6.6 发生触电伤害，应立刻拉闸断电，使触电者脱离电源，移至通风的地方，判断有无心跳和呼吸，采取胸外按压和人工呼吸法进行抢救，并及时拨打急救电话。

项目二 油管通径

1 项目简介

油管通径是使用通径规对油管内部全长通径的工艺手段。

油管清洗完毕后上架摆放，使用标准通径规检验油管内径是否合格，同时对通径合格油管内壁进行冲洗。通径合格后进入油管探伤工序。

2 操作前准备

2.1 穿戴整齐劳保用品。主要包括防静电工服、防静电工鞋、防油手套、安全帽(工帽)、耳塞。

2.2 检查各传动部件是否润滑到位。

2.3 检查气动系统压力，应在0.4~0.6MPa范围内。

2.4 检查配电柜电流表、电压表、工作指示灯，如有异常必须向上级汇报，等候专业电工维修。

2.5 清洁油管通径规表面的油污，检查通径规有无变形，尺寸应符合标准。

3 操作步骤

3.1 打开电源，启动通径工艺操作程序。

3.2　油管依次进入通径工位，气缸驱动抱钳将油管夹紧。

3.3　通径小车启动，通径开始。

3.4　全长通径后，小车返回原位停止时，通径结束。

3.5　夹紧抱钳松开，油管传输至储料架，并对通径结果进行标识。

3.6　通径完毕后，关闭电源、压缩空气源，清理现场。

4　操作要点

4.1　通径规表面应保持清洁无变形。

4.2　通径规尺寸应符合标准(尺寸见单元三表3－1)。

4.3　通径时抱钳应夹紧油管，防止旋转或错位。

4.4　通径小车前进时，应随时监控通径规是否顺利进入油管内壁。

4.5　每根油管都应进行全长通径试验。

4.6　通径规能自由通过油管内壁为通径合格。

4.7　不合格品应标识清楚。

5　安全注意事项

5.1　规范穿戴劳保用品。

5.2　操作人员之间应做好监护、配合，防止油管翻滚、掉落，挤伤、砸伤人。

5.3　设备运转时，禁止身体任何部位进入防护区内，防止发生机械伤害。

5.4　有安全警示的区域，禁止随意进入。

6　应急事故预防及处置

6.1　操作人员协同操作时，应使用清晰、明确信号。

6.2　设备安全防护装置和安全附件应确保完好。

6.3　设备运转时，发生异常，立即按下设备急停按钮并及时处置。

6.4　发生机械伤害事故，应及时处置，严重时送医院医治。

6.5　发生触电伤害，应立刻拉闸断电，使触电者脱离电源，移至通风的地方，判断有无心跳和呼吸，采取胸外按压和人工呼吸法进行抢救，并及时拨打急救电话。

项目三　油管探伤

1　项目简介

油管探伤工艺是应用漏磁检测技术对油管进行无损探伤，及时发现油管缺陷的工艺手段。

待探伤油管由传动线进入油管探伤机，经过探伤后得到缺陷曲线图，与样管设定的基准图形做对比，从而对缺陷进行判定、标识。探伤合格的油管进入试压工序。

设备组成：主要包括传输机构、压轮机构、磁化系统、纵横向缺陷检测系统、打标和消磁系统、监控和操作系统。

2　操作前准备

2.1　穿戴整齐劳保用品。主要包括防静电工服、防静电工鞋、防油手套、安全帽(工帽)、耳塞。

2.2　检查各传动部件是否润滑到位。

2.3　检查气路压力，应在0.4~0.6MPa范围内。

2.4　检查配电柜电流表、电压表、工作指示灯。如有异常必须向上级汇报，等候专业电工维修。

2.5　检查传动线主机压轮、传感器、探头、标记装置，各部件是否完好。

3　操作步骤

3.1　打开控制操作台的总电源，打开退磁电源，将系统置于“手动”状态，按动相应按钮检查压轮、标记等动作是否正常。

3.2　开启探伤仪，启动监控电脑，打开探伤监控软件。

3.3　将样管置于探伤工位，使用样管对探伤机精度检查、校验参数，完毕后样管下线。

3.4　按复位键进行系统复位，并将系统由“手动”转为“自动”。

3.5　油管自动探伤时，监控探伤过程，观察探伤曲线，发现问题及时处理，对有疑问油管进行复探。

3.6　探伤结束后，顺序关闭探伤仪、电脑、退磁电源、总电源。

3.7　清理现场，填写生产报表。

4　操作要点

4.1　每班用标准样管或样棒对探伤机参数进行校准。

4.2　修复油管应进行全长壁厚缺陷检测，探伤盲区应控制在距离管头10cm以内。

4.3　标记漆罐必须摇匀，保证标记清晰。

4.4　以人工样管上的伤为标准，推荐探伤后油管按照表2-1进行等级划分。

表2-1　油管探伤等级划分表

等级分类	样管壁厚磨损/%
一级	<25
二级	$25\leq\delta<40$

续表

等级分类	样管壁厚磨损/%
三级	$40 \leqslant \delta < 55$
报废	$\delta \geqslant 55$

5 安全注意事项

5.1 规范穿戴劳保用品。

5.2 操作人员之间应做好监护、配合，防止油管翻滚、掉落、挤伤、砸伤人。

5.3 设备运转时，禁止身体任何部位进入防护区内，防止发生机械伤害。

5.4 有安全警示的区域，禁止随意进入。

6 应急事故预防及处置

6.1 操作人员协同操作时，应使用清晰、明确信号。

6.2 设备安全防护装置和安全附件应确保完好。

6.3 设备运转时，发生异常，立即按下设备急停按钮并及时处置。

6.4 发生机械伤害事故，应及时处置，严重时送医院医治。

6.5 发生触电伤害，应立刻拉闸断电，使触电者脱离电源，移至通风的地方，判断有无心跳和呼吸，采取胸外按压和人工呼吸法进行抢救，并及时拨打急救电话。

项目四 油管试压

1 项目简介

油管试压是通过试压机对管体和丝扣进行静水压试验，检验是否漏失的工艺。

人工检查待试压油管丝扣后，通过试压小车对油管两端封堵后注水，进行静水压试验，检验油管耐压及密封性。

设备组成：试压操作台、试压机、油管输送设备、自动检测及控制系统。

2 操作前准备

2.1 穿戴整齐劳保用品。主要包括：防静电工服、防静电鞋、防滑手套、安全帽(工帽)、耳塞。

2.2 检查各传动部件否润滑到位。

2.3 检查气路压力，应在0.4～0.6MPa范围内。

2.4 检查配电柜电流表、电压表、工作指示灯。如有异常必须向上级汇报，等候专业电工维修。

2.5 检查试压接头、试压接箍螺纹无损伤。

2.6　空载运转试压机检查行走是否正常。

3　操作步骤

3.1　人工挑选待试压油管，挑选丝扣损坏、管体及接箍偏磨、腐蚀严重的油管，做好标识，传输至相应工位。

3.2　用钢丝刷清除丝扣上油污及杂物，均匀涂抹螺纹脂。

3.3　打开电源、启动监控电脑，选择手动挡。

3.4　油管传输至试压工位，气缸驱动抱钳夹紧油管。

3.5　确定试压接头、试压接箍与检测油管对中后，启动油管试压程序，进行试压。

3.6　试压过程中丝扣渗漏，按规定进行标识，并分别传输至修扣或换接箍工序。

3.7　试压后，本体渗漏的油管按报废品处理。

3.8　试压结束，顺序关闭试压操作程序、监控电脑、总电源。

3.9　清理现场，填写生产报表。

4　操作要点

4.1　挑出丝扣损坏、管体及接箍偏磨、腐蚀严重的油管，分类处置。

4.2　油管的静水压试验，应符合 GB/T 19830—2017 中 10.12.2 规定，静水压试验压力下不渗漏，全压试验状态保持时间应不小于 5s。

4.3　试压接头、试压接箍与检测油管旋合时，两端均应对中。

4.4　油管丝扣渗漏，应传输至修扣工位；接箍丝扣渗漏，应传输至换接箍工位。

4.5　操作人员随时监控试压情况，油管漏失部位要标识清楚、准确。

4.6　试压过程发现故障及异常情况立即停机。

5　安全注意事项

5.1　规范穿戴劳保用品。

5.2　操作人员之间应做好监护、配合，防止油管翻滚、掉落、挤伤、砸伤人。

5.3　设备运转时，禁止身体任何部位进入防护区内，防止发生机械伤害。

5.4　运转时，禁止靠近高压设备隔离区，防止伤人事故发生。

6　应急事故预防及处置

6.1　操作人员协同操作时，应使用清晰、明确信号。

6.2　设备安全防护装置和安全附件应确保完好。

6.3　设备运转时，发生异常，立即按下设备急停按钮并及时处置。

6.4　发生机械伤害事故，应及时处置，严重时送医院医治。

6.5　发生触电伤害，应立刻拉闸断电，使触电者脱离电源，移至通风的地方，判断有无心跳和呼吸，采取胸外按压和人工呼吸法进行抢救，并及时拨打急救电话。

项目五　油管更换接箍

1　项目简介

油管更换接箍工艺是通过液压拧扣机，对试压后接箍丝扣渗漏的油管，进行接箍拆卸、更换，使油管能够重新使用的工艺手段。

设备组成：主要包括主钳、背钳、机体、液压动力源、液压控制系统和操作控制系统等。

2　操作前准备

2.1　穿戴整齐劳保用品。主要包括防静电工服、防静电鞋、防滑手套、耳塞。

2.2　检查各传动部件润滑到位。

2.3　检查气路压力，应在0.4~0.6MPa范围内。

2.4　检查配电柜电流表、电压表、工作指示灯。如有异常必须向上级汇报，等候专业电工维修。

2.5　检查液压油箱油位，应在标尺的1/2~2/3之间。

2.6　检查液压油油质。

2.7　启动液压泵，空载运行5min，观察有无泄漏现象，发现泄漏及时处理。

2.8　反复换挡，检查换挡机构是否灵活可靠。

2.9　正反方向旋转主、背钳，检查牙板伸缩是否灵活。检查完毕后，主钳、背钳复位。

3　操作步骤

3.1　油管的接箍端传输至液压拧扣机主钳位置。

3.2　启动背钳，操作按钮转换到卸扣挡位，钳牙旋出抱紧管体。

3.3　启动主钳，选择低速挡。操作按钮转换到卸扣挡位，主钳钳牙抱紧接箍，接箍卸松后，停机，手动卸掉接箍。

3.4　检查油管丝扣，有损伤的油管打上标识，传输至相应工位。

3.5　新接箍手动旋入油管丝扣端，余留3~5扣。

3.6　启动主钳、背钳并复位。

3.7　背钳操作转换至上扣挡位，钳牙旋出抱紧管体。

3.8　主钳挡位选择低速挡，操作转换至上扣挡位，钳牙旋出抱紧接箍，上紧。上紧扭矩应符合表2-2(引用GB/T 17745—2011表3规定)。

表2－2　油管上扣扭矩表

规格/in	外径/mm	壁厚/mm	内径/mm	钢级	扭矩/N·m
2⅜	60.32	4.83	50.66	J55	990
2⅜	60.32	4.83	50.66	N80	1380
2⅜	60.32	4.83	50.66	J55	1750
2⅜	60.32	4.83	50.66	N80	2450
2⅞	73.02	5.51	62	J55	1420
2⅞	73.02	5.51	62	N80	1990
2⅞	73.02	5.51	62	J55	2230
2⅞	73.02	5.51	62	N80	3120
3½	88.9	6.45	76	J55	2010
3½	88.9	6.45	76	N80	2810
3½	88.9	6.45	76	J55	3090
3½	88.9	6.45	76	N80	4330

3.9　操作完毕，关闭电源，清理现场，填写生产报表。

4　操作要点

4.1　工作前应向主、背钳行星爪侧面注入机油。

4.2　油管中心与拧扣机主钳中心保持同轴度。

4.3　对完好的丝扣均匀涂抹螺纹脂，保证丝扣密封与润滑。

4.4　工作时液压油温控制在60℃以内。

4.5　每班及时清除钳牙间杂质。

5　安全注意事项

5.1　规范穿戴劳保用品。

5.2　操作人员之间应做好监护、配合，防止油管翻滚、掉落，挤伤、砸伤人。

5.3　设备运转时，禁止身体任何部位进入防护区内，防止发生机械伤害。

5.4　有安全警示的区域，禁止随意进入。

6　应急事故预防及处置

6.1　操作人员协同操作时，应使用清晰、明确信号。

6.2　设备安全防护装置和安全附件应确保完好。

6.3　设备运转时，发生异常，立即按下设备急停按钮并及时处置。

6.4　发生机械伤害事故，应及时处置，严重时送医院医治。

6.5　发生触电伤害，应立刻拉闸断电，使触电者脱离电源，移至通风的地方，判断有无心跳和呼吸，采取胸外按压和人工呼吸法进行抢救，并及时拨打急救电话。

项目六　填写油管检修生产报表

1　项目简介

油管通过多道工序进行检修，达到技术指标后方可进行二次使用。每天检修油管的数量、最终成品量应记录清楚，便于油管出入库核对。

2　操作前准备

2.1　收集油管检修当天各工序生产报表。

2.2　准备空白报告单、记录笔。

3　操作步骤

3.1　填写生产日期、填表人。

3.2　分规格填写各工序生产数据、负责人，核对前后工序入线(检修)数量、合格油管数量，记录设备运行状态。

3.3　计算油管检修各工序合格率。发现数据波动较大现象，查找原因。

3.4　核对油管探伤合格数量：探伤合格数量 = 探伤总数 - 横向报废数 - 纵向报废数 + 双向报废数。

3.5　核对油管检修成品数量：成品数量 = 首次试压合格数量 + 二次试压合格数量

3.6　计算油管当班检修合格率：油管检修成品数量/油管入线数量(油管清洗检修数量) ×100%。

3.7　填写完毕后，核对数据，上报。以清洗工序为例，见表 2-3。

表 2-3　油管检修生产报表

生产日期：　　　　　　　　　　　　　　　　　　　　填表人：

<table>
<tr><td rowspan="6">油管检修工序清洗</td><td>油管规格/in</td><td>检修数量</td><td>合格数量</td><td>合格率</td><td>负责人</td><td>备注</td></tr>
<tr><td>2⅞外加厚</td><td></td><td></td><td></td><td rowspan="5"></td><td rowspan="5"></td></tr>
<tr><td>2⅞不加厚</td><td></td><td></td><td></td></tr>
<tr><td>2⅜外加厚</td><td></td><td></td><td></td></tr>
<tr><td>2⅜不加厚</td><td></td><td></td><td></td></tr>
<tr><td>合计</td><td></td><td></td><td></td></tr>
<tr><td></td><td></td><td></td><td></td><td></td><td></td><td></td></tr>
<tr><td></td><td></td><td></td><td></td><td></td><td></td><td></td></tr>
<tr><td>成品数量</td><td></td><td></td><td></td><td></td><td></td><td></td></tr>
</table>

4　操作要点

4.1　油管检修工序应按顺序填写。

4.2　如无设备检修、人员缺岗等异常情况，每班前道工序的合格数量应为后道工序的入线(检修)数量。

4.3　每班油管入线全部检修完成后，可计算成品合格率，否则可以忽略。

模块二　抽油杆检修工艺流程

抽油杆检修是将从抽油井上回收的旧抽油杆进行检测、修复、分类摆放再使用的工艺手段。熟练掌握该工艺，便于按标准执行修复工作，抽油杆检修流程如图 2－2 所示。

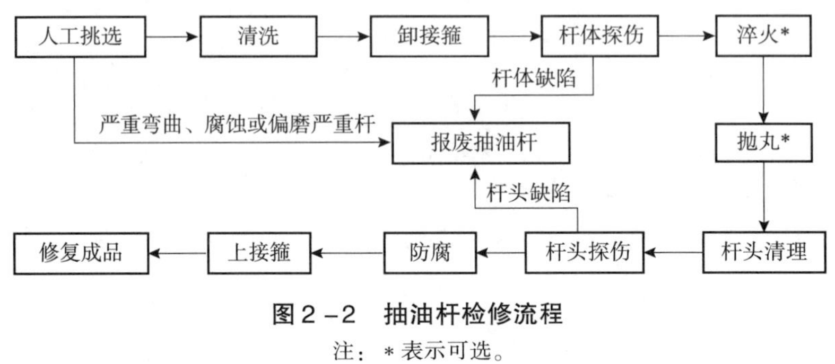

图 2－2　抽油杆检修流程

注：* 表示可选。

项目一　抽油杆清洗

1　项目简介

常用的抽油杆清洗工艺有两种，一种是热水浸泡清洗，另一种是热辐射清洗。本项目以热水浸泡清洗为例进行学习。

待清洗的抽油杆去除表面附属物，传输至清洗箱，热水浸泡，高温软化表面油污，经过箱体外的外刷清洗装置，清除残留的油污，为探伤工序做准备(图 2－3)。

设备组成：主要包括全封闭清洗箱、外刷冲洗装置、待料架、传送装置、循环沉淀池和操作控制系统。

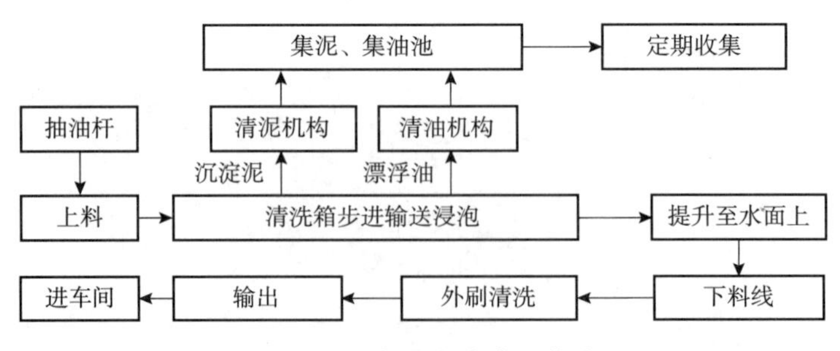

图 2－3　热水浸泡清洗工艺流程

2　操作前准备

2.1　穿戴整齐劳保用品。主要包括防静电工服、防静电工鞋、防油手套、安全帽(工帽)、耳塞。

2.2　检查各传动部件是否润滑到位。

2.3　检查加热箱水位，应保持在规定水位。

2.4　检查天然气供气压力，应在规定范围内。

2.5　检查压缩空气气动压力，应在0.4～0.6MPa范围内。

2.6　检查配电柜电流表、电压表、工作指示灯。如有异常必须向上级汇报，等候专业电工维修。

2.7　检查外洗机钢丝刷磨损情况，如磨损到不能有效接触抽油杆杆体时应进行更换。

3　操作步骤

3.1　打开天然气控制阀，设定加热炉温度为90℃。

3.2　打开电源，启动燃烧器点火开关，确认各项指示灯正常。

3.3　待清洗抽油杆摆放整齐，人工目测挑出硬弯、麻花弯、腐蚀偏磨严重的杆，分类处置。

3.4　去除杆体附属物和杂物，如活动扶正器用人工去除，固定扶正器用机械切削法去除。

3.5　清洗箱水温升至90℃，接通控制柜电源，启动操作台，选择手动挡。开启进料、出料输送电机。

3.6　顺序启动上料、压轮、卡盘旋转、出料按钮，完成一个工作循环。3～5个工作循环后，将系统置于自动状态。

3.7　自动模式下随时观察上料、出料、清洗效果及设备运行情况，如有异常立即按急停按钮，排除故障后方可继续运行。

3.8　清洗完毕后，顺序关闭燃烧器、天然气阀门、电源、气源。

3.9　清理现场，填写生产报表。

4　操作要点

4.1　去除杆体附属物时不得损伤抽油杆任何部位。

4.2　清洗温度不应低于设定值，对油蜡较厚、放置时间较长的旧抽油杆，适当提高清洗温度，延长浸泡时间。

4.3　定期检查漂浮油状态，进行补水，使浮油溢出。

4.4　定期检查沉淀泥厚度，打开排污泵进行排污，排污后箱体内进行补水。

4.5　随时观察温控仪、燃烧器工作是否正常。

4.6　随时观察进、出料口抽油杆行走信号，如有报警，立即停机。

4.7　保证清洗后杆体干净无油污，无明显螺旋线。

5 安全注意事项

5.1 规范穿戴劳保用品。

5.2 操作人员之间应做好监护、配合，防止油管翻滚、掉落，挤伤、砸伤人。

5.3 设备运转时，禁止身体任何部位进入防护区内，防止发生机械伤害。

5.4 有安全警示的区域，禁止随意进入。

5.5 有高温热源处，安全防护应到位，防止烫伤。

6 应急事故预防及处置

6.1 操作人员协同操作时，应有明确信号，发生机械伤害事故，应及时处理或送医救治。

6.2 设备安全防护装置和安全附件应确保完好。

6.3 设备运转时发生异常，立即按急停按钮并及时处置。

6.4 发生烫伤事故后，将伤口迅速用干净流动的冷水冲洗，严重时送医院医治。

6.5 发生触电伤害，应立刻拉闸断电，使触电者脱离电源，移至通风的地方，判断有无心跳和呼吸，采取胸外按压和人工呼吸法进行抢救，并及时拨打急救电话。

项目二 抽油杆接箍拆卸

1 项目简介

清洗过的抽油杆上架摆放，传输至拆卸接箍工位，操作拧扣机将抽油杆接箍卸除。同时检查抽油杆杆头螺纹有无损伤，有损伤的做好标识。

设备组成：主要包括拧扣机主机、液压动力源、操作控制台3大部分。

2 操作前准备

2.1 穿戴整齐劳保用品。主要包括防静电工服、防静电工鞋、安全帽(工帽)、防油手套、耳塞。

2.2 检查各传动部件是否润滑到位。

2.3 检查气路压力，应在0.4~0.6MPa范围内。

2.4 检查配电柜电流表、电压表、工作指示灯。如有异常必须向上级汇报，等候专业电工维修。

2.5 检查液压油箱油位，应在标尺的1/2~2/3之间。

2.6 检查液压油是否变质。

2.7 启动电动机，使系统空载运行5min，观察有无泄漏现象，发现泄漏及时处理。

2.8 正反方向旋转主钳，检查牙板伸缩是否灵活。

3 操作步骤

3.1 抽油杆摆放整齐。

3.2　将抽油杆接箍端传输至拧扣机主钳口内，背钳夹紧扳手方。

3.3　扳动卸扣手柄，主钳旋转，牙板伸出并咬紧抽油杆接箍，进行卸扣。

3.4　接箍卸松至2/3后，扳动卸扣手柄，使主钳反转，钳牙缩回复位。

3.5　松开背钳。抽油杆传输到主钳前端，手动卸下接箍，分类存放。

3.6　将接箍拆卸完毕后的抽油杆传输至下道工序。

3.7　操作完毕后，将各控制开关置于空挡位置，关闭电源，清理现场。

3.8　填写生产报表。

4　操作要点

4.1　卸接箍时液压系统压力应控制在设备许可的范围内，液压油温不得超过60℃。并随时观察各机构运行情况，发现问题及时停机检查。

4.2　工作时，抽油杆杆体轴线与拧扣机主钳中心应保持一致。否则上下调整背钳托架使符合要求。

4.3　抽油杆接箍无法拆卸时，不应强行操作，做好标识，分类处置。

4.4　拆卸抽油杆接箍时，主钳在接箍表面打滑且出现损伤接箍时，应停止操作。

4.5　拆卸抽油杆接箍时，不应损伤抽油杆本体和接箍。

5　安全注意事项

5.1　规范穿戴劳保用品。

5.2　操作人员之间应做好监护、配合，防止抽油杆翻滚、掉落，挤伤、砸伤操作人员。

5.3　设备运转时，禁止身体任何部位进入设备防护区内，防止发生机械伤害。

5.4　有安全警示的区域，禁止随意进入。

6　应急事故预防及处置

6.1　操作人员协同操作时，应使用清晰、明确信号。

6.2　设备安全防护装置和安全附件应确保完好。

6.3　设备运转时，发生异常，立即按下设备急停按钮并及时处置。

6.4　发生机械伤害事故，应及时处置，严重时送医院医治。

6.5　发生触电伤害，应立刻拉闸断电，使触电者脱离电源，移至通风的地方，判断有无心跳和呼吸，采取胸外按压和人工呼吸法进行抢救，并及时拨打急救电话。

项目三　抽油杆杆体漏磁探伤

1　项目简介

漏磁探伤是对金属材料进行无损检测的一种方法。抽油杆杆体漏磁探伤是应用漏磁检测技术对抽油杆杆体进行检测，及时发现缺陷，判别抽油杆合格与否，合格品进入下道工序，报废抽油杆传输至报废区。探伤原理如图 2 -4 所示。

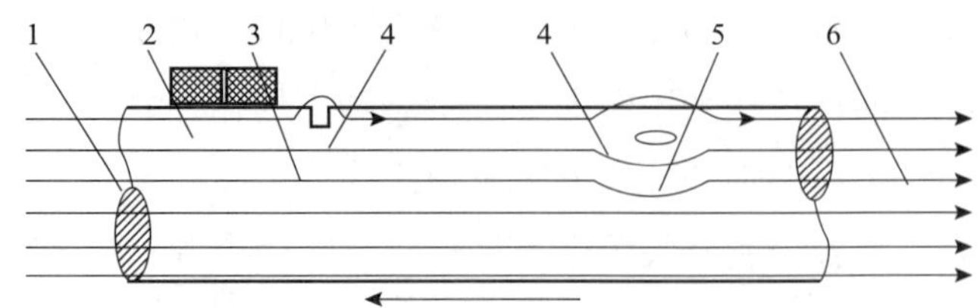

图 2 -4　抽油杆漏磁探伤原理示意图

1—待检测工件；2—检测探头；3—表面缺陷；4—漏磁场；5—近表面缺陷；6—磁化磁力线

设备组成：主要包括传输机构、压紧装置、检测探头、磁化线圈，缺陷打标装置、交、直流消磁器、探伤检测仪。

2　操作前准备

2.1　穿戴整齐劳保用品。主要包括防静电工服、防静电鞋、防油手套、安全帽(工帽)、耳塞。

2.2　检查各传动部件是否润滑到位。

2.3　检查气路压力，应在 0.4 ~0.6MPa 范围内。

2.4　检查配电柜电流表、电压表、工作指示灯。如有异常必须向上级汇报，等候专业电工维修处理。

2.5　检查传动线主机压轮、传感器、探头、标记装置，各部件是否完好。

3　操作步骤

3.1　抽油杆按规格分选，摆放整齐。

3.2　人工挑选杆体明显机械损伤、偏磨、弯曲的杆，做好标识，分类处置。

3.3　顺序打开：控制柜电源、不间断电源、探伤仪、电脑，选择手动挡。

3.4　根据抽油杆选择同规格的探头及样杆，启动对应探伤系统文件，对样杆进行探伤，根据样杆及时微调增益、降噪等参数值。

3.5　参数调整完后，选择自动挡，启动操作台上料按钮，开始探伤。

3.6　抽油杆进入探伤线，随时观察电脑显示的探伤曲线，避免出现误探和漏探现象。

3.7　随时观察合格和报废抽油杆的自动分选及探伤线传输情况。

3.8　需复检时，选择后退开关，将抽油杆退出退磁装置，至待探伤位置后复检。

3.9　探伤工作完毕后，按开机顺序的反向进行关机，关闭电源。

3.10　清理现场，填写生产报表。

4　操作要点

4.1　每班探伤前、抽油杆尺寸改变、出现故障后均需用标准样杆进行校准

4.2　探伤时，探头、样杆及系统文件均应与抽油杆规格相同。

4.3　探头不应混用。

4.4　抽油杆探伤控制在一定的速度(参考速度：10～20m/min 之间)。

4.5　探伤盲区不大于 20mm。

4.6　探伤时，抽油杆不应在交流退磁装置内停留。

5　安全注意事项

5.1　规范穿戴劳保用品。

5.2　操作人员之间应做好监护、配合，防止抽油杆翻滚、掉落，挤伤、砸伤操作人员。

5.3　设备运转时，禁止身体任何部位进入设备安全防护区内，防止发生机械伤害。

5.4　有安全警示的区域，禁止随意进入。

6　应急事故预防及处置

6.1　操作人员协同操作时，应使用清晰、明确信号。

6.2　设备安全防护装置和安全附件应确保完好。

6.3　设备运转时，发生异常，立即按下设备急停按钮并及时处置。

6.4　发生机械伤害事故，应及时处置，严重时送医院医治。

6.5　发生触电伤害，应立刻拉闸断电，使触电者脱离电源，移至通风的地方，判断有无心跳和呼吸，采取胸外按压和人工呼吸法进行抢救，并及时拨打急救电话。

项目四　抽油杆杆头清理

1　项目简介

抽油杆杆头清理是应用自动清理系统对两端杆头及螺纹依次进行清理，清理后的抽油杆输送至下道工序。本项目以固定式外刷清理设备为例进行学习。

设备组成：主要包括固定式外刷清理机构、输送机构、压轮抱紧机构、上下料机构和电气控制系统。

2　操作前准备

2.1　穿戴整齐劳保用品。主要包括防静电工服、防静电鞋、防滑手套、安全帽(工帽)、耳塞。

2.2　检查各传动部件是否润滑到位。

2.3 检查气路压力，应在0.4~0.6MPa范围内。

2.4 检查配电柜电流表、电压表、工作指示灯。如有异常必须向上级汇报，等候专业电工维修处理。

2.5 检查刷扣电机回位弹簧是否完好，刷扣机安全门、护罩是否处于闭合状态。

2.6 检查钢丝刷磨损情况，如钢丝刷外缘尺寸磨损到不能有效接触抽油杆时应更换。

3 操作步骤

3.1 打开控制柜电源，将杆头清理操作系统调至手动挡位。

3.2 依次检验上料气缸、传送线正反转、下料动作是否正常。

3.3 启动上料机构，将抽油杆传输至清理工位。

3.4 操作系统调至自动挡，设备自动对抽油杆螺纹、扳手方、过渡区进行清理，完成后退出，反向传输至另一端进行杆头清理。

3.5 工作结束后，控制开关置于空挡位置，关闭电源。

3.6 清理场地，填写生产报表。

4 操作要点

4.1 设备运行过程中，操作人员应监控设备的运行状态。

4.2 运行中出现抽油杆不到位、卡顿或者其他异常状况时，应停机检查。

4.3 检查清理后的抽油杆螺纹、扳手方、过渡区，应无油污和杂物。未达到清理效果，应再次清理。

5 安全注意事项

5.1 规范穿戴劳保用品。

5.2 操作人员之间应做好监护、配合，防止抽油杆翻滚、掉落，挤伤、砸伤操作人员。

5.3 设备运转时，禁止身体任何部位进入设备安全防护区内，防止发生机械伤害。

5.4 有安全警示的区域，禁止随意进入。

6 应急事故预防及处置

6.1 操作人员协同操作时，应使用清晰、明确信号。

6.2 设备安全防护装置和安全附件应确保完好。

6.3 设备运转时，发生异常，立即按下设备急停按钮并及时处置。

6.4 发生机械伤害事故，应及时处置，严重时送医院医治。

6.5 发生触电伤害，应立刻拉闸断电，使触电者脱离电源，移至通风的地方，判断有无心跳和呼吸，采取胸外按压和人工呼吸法进行抢救，并及时拨打急救电话。

项目五　抽油杆杆头磁粉探伤

1　项目简介

抽油杆杆头磁粉探伤是对杆头部位喷洒磁悬液(磁粉悬浮在载液中)，并进行磁化，利用工件缺陷处的漏磁场和磁粉的相互作用，进行无损探伤，检测出缺陷，检测原理如图2－5所示。

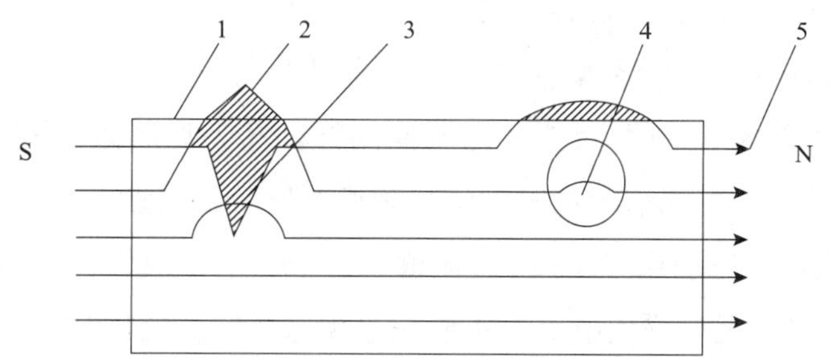

图2－5　杆头检测原理

1—工件；2—漏磁场；3—裂纹；4—近表面气孔；5—磁力线

设备组成：主要包括磁化系统、电控系统、磁悬液系统、气动系统、机械系统和上下料机构(以荧光磁粉为例)。

2　操作前准备

2.1　穿戴整齐劳保用品。主要包括防静电工服、防静电工鞋、安全帽(工帽)、防油手套、耳塞。

2.2　检查各传动部件是否润滑到位。

2.3　检查气动压力，应在0.4～0.6MPa范围内。

2.4　检查配电柜电流表、电压表、工作指示灯。如有异常必须向上级汇报，等候专业电工维修处理。

2.5　检查磁悬液是否充足，清理磁悬液箱内的滤网。

2.6　用软布清洁暗室内的摄像头、紫外线灯管。

3　操作步骤

3.1　打开总电源，开启控制台开关，启动微机探伤程序。

3.2　用标准试片检查探伤灵敏度。

3.3　手动探伤3～5个工作循环后，将系统置于自动状态，开始自动杆头探伤。

3.4　随时观察探伤上料和对中情况，以及磁悬液喷淋情况。

3.5　通过监视器观察图像时，有质疑或发现缺陷，按下暂停按钮，仔细观察。

3.6　通过图像确定杆头有裂纹时，按下不合格品按钮。

3.7　用手持电磨对不合格品缺陷部位做圆滑过渡打磨后，进行二次探伤。

3.8　工作结束，关闭探伤程序，总电源。

3.9　清理工作现场，填写生产报表。

4　操作要点

4.1　按比例配置荧光磁悬液(参考值：荧光磁粉 1～2g/L、分散剂 1～2g/L、消泡剂 1～2g/L)。磁悬液液量，应保持在容器的 1/2～2/3 之间。

4.2　灵敏度检查方法：将 A 型(标准)试片有槽面向下贴于杆头扳手方处。抽油杆置于探伤线上。选择控制台上的手动挡。抱紧抽油杆，杆头喷洒磁悬液，磁化，旋转抽油杆，通过影像观察试片，应能清晰观察到试片刻槽图形后，退磁、下料。

4.3　标准 A 型试片应使用厚 50μm，刻槽深度 15μm，形状为边长 20mm 的正方形。

4.4　磁化杆头时，观察磁化电流，不应超过规定数值，磁化时间 2s 左右。

4.5　探伤时，磁悬液喷洒需均匀全面。

4.6　监视器图像应有重叠区，避免漏探，图形不清晰时，及时调整摄像头、暗室、磁悬液浓度。

4.7　检测出的裂纹及孔洞、机械损伤、分层、折叠等缺陷应予以清除，对缺陷处做到圆滑过渡处理，处理后的缺陷应满足 SY/T 5029—2013 的要求。

5　安全注意事项

5.1　规范穿戴劳保用品。

5.2　操作人员之间应做好监护、配合，防止抽油杆翻滚、掉落，挤伤、砸伤操作人员。

5.3　设备运转时，禁止身体任何部位进入设备安全防护区内，防止发生机械伤害。

5.4　有安全警示的区域，禁止随意进入。

6　应急事故预防及处置

6.1　操作人员协同操作时，应使用清晰、明确信号。

6.2　设备安全防护装置和安全附件应确保完好。

6.3　设备运转时，发生异常，立即按下设备急停按钮并及时处置。

6.4　发生机械伤害事故，应及时处置，严重时送医院医治。

6.5　发生触电伤害，应立刻拉闸断电，使触电者脱离电源，移至通风的地方，判断有无心跳和呼吸，采取胸外按压和人工呼吸法进行抢救，并及时拨打急救电话。

项目六　抽油杆接箍装配

1　项目简介

目测检验抽油杆两端外螺纹，使用专用工具进行缺陷修理后，装配接箍进行紧固，分规格上架摆放。

2　操作前准备

2.1　穿戴整齐劳保用品。主要包括防静电工服、防静电工鞋、安全帽、防油手套。

2.2　准备工用具和材料：

钢丝刷 1 把、毛刷 1 把、棉纱适量、清洁油(剂)适量、护目镜 1 副、抽油杆外螺纹板牙、板牙架 1 套、三角锉刀 1 把、管钳 2 把、螺纹脂适量、抽油杆接箍若干。

3　操作步骤

3.1　抽油杆按规格分类上架摆放。

3.2　戴上护目镜，用钢丝刷清除抽油杆螺纹杂质，用清洁油(剂)清洁表面及螺纹的油污，用棉纱擦拭干净。

3.3　根据抽油杆规格选择板牙，并进行组装。

3.4　检查两端螺纹，对螺纹有缺陷的部位进行修复：用三角锉刀修复缺陷螺纹，后用同等规格的抽油杆螺纹板牙进行修复，用毛刷清洁铁屑。

3.5　在抽油杆两端螺纹均匀涂抹螺纹脂。

3.6　取同规格抽油杆接箍，手动旋到抽油杆螺纹上，并用管钳旋紧。另一端螺纹手动戴护帽。

3.7　抽油杆按规格分类摆放，逢 10 抽 1，摆放整齐。

3.8　清洁工具、清理现场。

3.9　填写生产报表。

4　操作要点

4.1　锉刀使用要平稳，避免螺纹受二次损伤。修理牙顶两侧时，应交替进行。

4.2　板牙安装时，带标识一端朝上。

4.3　板牙修扣时端面应与工件垂直，操作时用力均匀：开始转动板牙时，要稍加压力，套入 3 ~ 4 牙后，可只转动而不加压，并经常反转。

4.4　管钳应卡在抽油杆和接箍的扳手方处，加力应平稳，避免损伤抽油杆和接箍。

4.5　螺纹无法修复时，做报废处置。

5 安全注意事项

5.1 规范穿戴劳保用品。

5.2 使用工具应规范，避免受伤。

5.3 使用管钳注意事项参照：单元五－模块一项目一：管钳的正确使用。

6 应急事故预防及处置

6.1 操作人员协同操作时，应使用清晰、明确信号。

6.2 发生机械伤害事故，应及时处置，严重时送医院医治。

项目七 填写抽油杆检修生产报表

1 项目简介

抽油杆通过多道工序进行检修，达到技术指标后方可进行二次使用。每天检修抽油杆的数量、最终成品量应记录清楚，便于出入库核对。

2 操作前准备

2.1 收集抽油杆检修当天各工序生产报表。

2.2 准备报告单、记录笔。

3 操作步骤

3.1 填写生产日期、填表人。

3.2 填写抽油杆检修工序。

3.3 分规格填写各工序生产数据、负责人(以清洗工序为例，如表2－4所示)，核对前后工序入线(检修)、合格抽油杆数量，记录设备运行状态。

3.4 计算抽油杆检修合格率。发现数据波动较大现象，查找原因。

3.5 核对抽油杆成品数量：抽油杆成品数量＝抽油杆清洗数量－每道工序报废数量。

3.6 计算抽油杆当班检修合格率：检修成品合格率＝抽油杆成品数量/抽油杆入线数量(抽油杆清洗检修数量)×100%。

3.7 填写完毕后，核对数据，上报。举例见表2－4。

表2－4 抽油杆检修生产报表(例表)

生产日期：　　　　　　　　　　填表人：

抽油杆检修工序	抽油杆规格/in	检修数量/根	合格数量/根	合格率/%	负责人	备注
清洗	3/4					
	7/8					
	1					
	合计					

续表

抽油杆检修工序	抽油杆规格/in	检修数量/根	合格数量/根	合格率/%	负责人	备注
卸接箍						
杆体探伤						
杆头探伤						
接箍装配						
成品数量						

4 操作要点

4.1 抽油杆检修工序应按顺序填写。

4.2 如无设备检修、人员缺岗等异常情况，每班前道工序的合格数量应为后道工序的入线(检修)数量。

4.3 每班抽油杆入线全部检修完成后，可计算成品合格率，否则可以忽略。

单元三　油管(杆)检修成品的人工抽检及失效分析

模块一　油管(杆)检修成品的人工抽检

对经过工艺流程检修合格的油管、抽油杆成品，进行人工抽检，做好出厂前再次的质量把关。

项目一　油管检修成品的人工抽检

1　项目简介

油管检修成品质量抽检是采用目测并配合量具的方式，对油管螺纹、表面各部位缺陷、管体直线度和圆度进行人工综合检验，以达到再次使用的质量指标。

2　操作前准备

2.1　穿戴整齐劳保用品。主要包括防静电工服、防静电工鞋、安全帽、防油手套。

2.2　准备工用具和材料：

钢丝刷1把、毛刷1把、护目镜1副、油管螺纹工作量规1套、深度游标卡尺1把、150mm钢直尺1把、凹坑深度仪1套、清洁油(剂)适量、棉纱适量、细丝线适量。

3　操作步骤

3.1　戴上护目镜，用钢丝刷清洁油管螺纹，用清洁油(剂)清洁表面及螺纹的油污，用棉纱擦拭干净。

3.2　检验外观

目测肉眼可见的表面缺陷，用凹坑深度仪测量其径向深度，不大于壁厚的12.5%为合格(参照GB/T 19830)。

3.3　检验油管直度

对有可能弯曲的油管或弯垂端应按下述进行测量。

3.3.1　使用拉紧的线或绷绳从油管一端到另一端进行测量(图3－1)。偏离直线或弦高不应超过总长度的0.2%。

3.3.2　使用至少1.8m长的直尺进行测量，直尺至少有0.3m应与弯垂端范围以外的油管表面接触，也可用等效方法进行测量(图3－2)。在每端1.5m长度范围内的偏离距离不超过3.18mm。

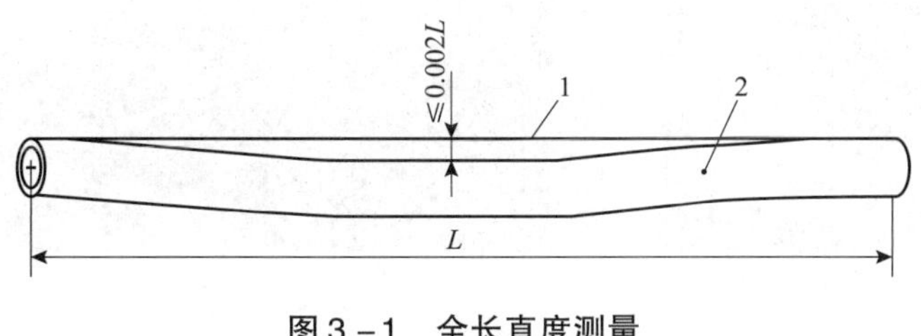

图3－1　全长直度测量

1—绷绳或线；2—油管

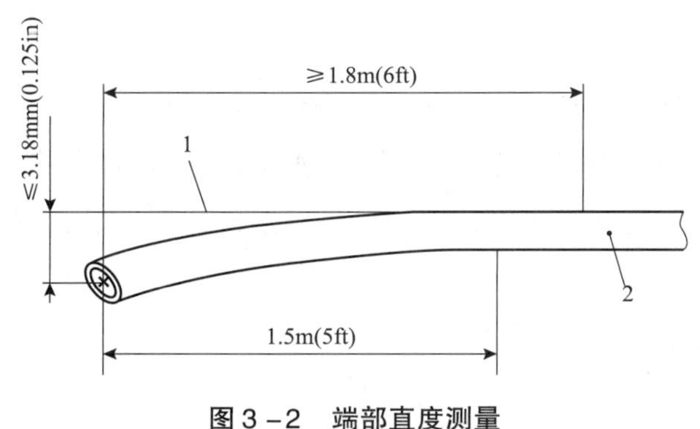

图3－2　端部直度测量

1—直尺；2—油管

3.4　检验内径

根据油管的规格，选择同规格的通径规，将通径规置于油管管体内，能自由通过油管全长。通径规尺寸应符合表3－1。

表3－1　通径规尺寸对应表

油管规格/in	长度/mm	最小直径/mm
2⅜	1067	47.92
2⅞	1067	59.62
3½	1067	72.72

3.5　检验螺纹

3.5.1　目测螺纹表面无毛刺、无明显撕裂、刀伤、磨痕或破坏螺纹连续性的任何其他缺陷。

3.5.2　根据油管规格，选择同规格油管螺纹工作环规和塞规(图3－3)，分别旋紧在油管外螺纹端和内螺纹端。

3.5.3　用游标卡尺测量量规与螺纹的紧密距，使其达到标准要求(检验标准参照单元五：油管工作量规的使用)。

(a)环规

(b)塞规

图3－3　油管工作量规

3.6　填写油管检修成品的检验报告。

4　操作要点

4.1　油管工作量规使用时，应缓慢旋进，禁止加力过猛。

4.2　油管工作量规使用完毕后，应清洁干净，涂抹润滑油保养。

4.3　检验报告应包含油管规格、检验项目、抽检比例、检验判定结果、检验人、检验日期等内容。

5　安全注意事项

5.1　规范穿戴劳保用品。

5.2　操作人员之间应配合好，防止油管翻滚、掉落挤伤、砸伤人。

5.3　确认油管摆放牢靠，并防止掉落砸伤。

5.4　禁止操作人员在油管上行走。

5.5　按要求佩戴护目镜，防止杂质进入眼睛。

5.6　使用工用具时要轻拿轻放，摆放整齐。

6　应急事故预防及处置

6.1　操作人员协同操作时，应使用清晰、明确信号。

6.2　发生机械伤害事故，应及时处理，严重时送医院医治。

项目二　抽油杆检修成品的人工抽检

1　项目简介

抽油杆检修成品质量抽检是采用目测并配合量具的方式，对抽油杆检修成品的螺纹、表面各部位缺陷、抽油杆弯曲等进行人工综合检验，以达到符合企业质量标准的工作。

2　操作前准备

2.1　穿戴整齐劳保用品。主要包括防静电工服、防静电工鞋、安全帽、防油手套。

2.2　准备工用具和材料：

钢丝刷1把、毛刷1把、护目镜1副、抽油杆外螺纹工作环规(P8、P6)1套、平面塞尺1套、500mm钢板尺1把、钢卷尺1把、清洁油(剂)适量、棉纱适量。

3　操作步骤

3.1　戴上护目镜，用钢丝刷清除抽油杆螺纹杂质，用清洁油(剂)清洁表面及螺纹的油污，用棉纱擦拭干净。

3.2　根据抽油杆成品规格，选择同规格外螺纹工作环规。

3.3　用通端环规P8、止端环规P6(图3-4)检验抽油杆螺纹。

(a)通端环规P8

(b)止端环规P6

图3-4　抽油杆外螺纹工作环规

3.4　用平面塞尺(图3-5)配合外螺纹通端环规检验台肩面平行度。

3.5　目测检验扳手方边棱和圆角缺陷。

3.6　目测检验应力槽缺陷，无毛刺和粗糙边棱；台肩外圆无夹边、挤筋。

3.7　目测检验镦锻过渡区缺陷。

3.8　目测检验杆体横向缺陷。

3.9　抽油杆弯曲检验。

3.10　填写检验报告单。

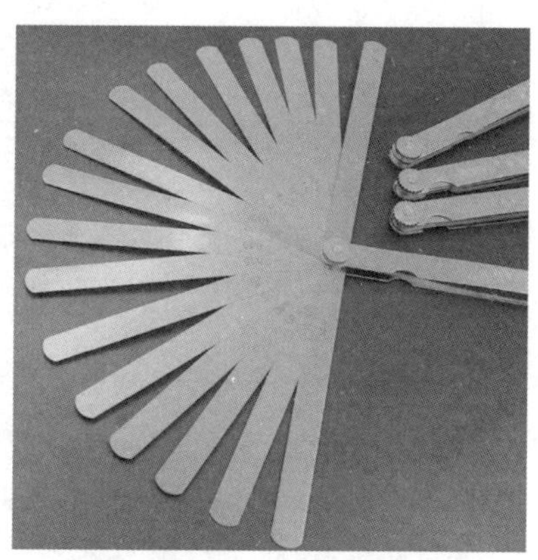

图3-5　平面塞尺

4　操作要点

4.1　抽油杆表面应干净无油污。

4.2 抽油杆外螺纹规格应与环规配套。

4.3 用 P6 检验螺纹最小极限尺寸，P6 在螺纹上旋进不超过 3 圈；用 P8 检验螺纹最大极限尺寸，P8 全长旋进，与台肩端面紧密接触；螺纹检验判定合格。

4.4 外螺纹台肩端面平行度检验：P8 环规通过抽油杆外螺纹并与其台肩面接触，在环规端面和外螺纹接头台肩端面之间任何一点，用 0.051mm 平面塞尺应塞不进去，平行度判定合格。

4.5 掌握抽油杆各部位缺陷程度，应符合 SY/T 5029 规定。

4.6 抽油杆弯曲检验：弯曲值是直尺和杆表面凹面之间的间隙。测定最大许可弯曲值，应用一个 304.8mm 直尺靠在抽油杆弯曲处的凹边，测量最大许可间隙为 1.65mm。

4.7 抽油杆环规使用时，应缓慢旋进，禁止加力过猛。

4.8 抽油杆环规使用完毕后，应清洁干净，涂抹润滑油保养。

5 安全注意事项

5.1 规范穿戴劳保用品。

5.2 确认抽油杆摆放架四周无障碍物，安全通道畅通。

5.3 确认抽油杆摆放牢靠，并防止抽油杆砸伤。

5.4 禁止操作人员在抽油杆上行走。

5.5 按要求佩戴护目镜，防止杂质进入眼睛。

5.6 使用工用具时要轻拿轻放，摆放整齐。

6 应急事故预防及处置

6.1 操作人员协同操作时，应使用清晰、明确信号。

6.2 发生机械伤害事故，应及时处理，严重时送医院医治。

模块二　油管(杆)的失效分析

机械产品在使用过程中，由于种种原因失去了它原有的功能，造成不同程度的损失。失效分析的目的是通过分析，明确失效类型，找出失效原因，从油管(杆)检修方面采取改进和预防措施。

项目一　油管的失效分析

1　项目简介

通过油管在采油作业过程中出现的失效形式，进行分析，找出原因，从油管检修方面采取改进和预防措施。

2　操作前准备

2.1　穿戴整齐劳保用品。主要包括防静电工服、防静电工鞋、安全帽、防油手套。

2.2　准备工用具和材料：

钢丝刷1把、棉纱适量、护目镜1副、空白报告单1张、记录笔1支。

3　操作步骤

3.1　戴上护目镜，用钢丝刷清洁失效油管表面，用棉纱擦拭干净。

3.2　观察油管失效部位，记录失效位置、失效类型。

3.2.1　疲劳断裂多发生在油管螺纹端，距离螺纹尾部2牙左右，如图3-6所示。

图3-6　油管疲劳断裂

3.2.2　螺纹黏扣、脱扣，如图3-7所示。

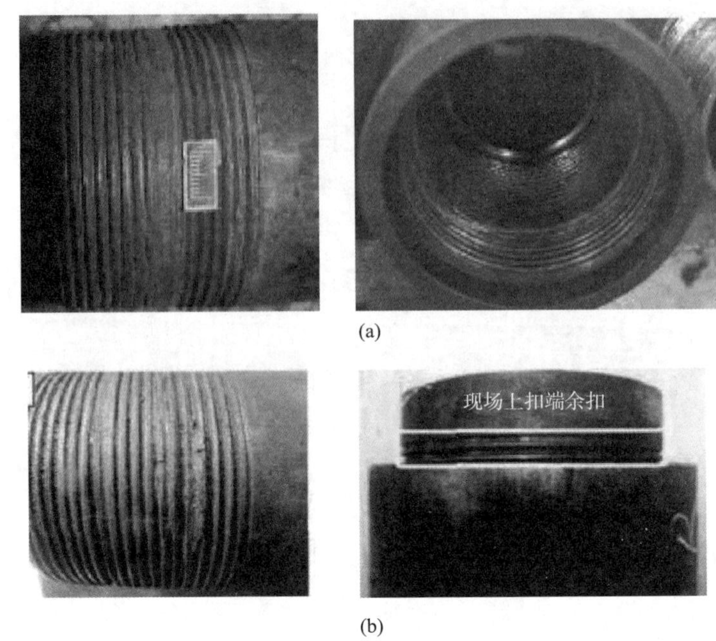

(a)

(b)

图3－7　油管黏扣、脱扣

3.2.3　螺纹漏失，如图3－8所示。

3.2.4　油管偏磨裂缝、腐蚀穿孔多发生在管柱的下部，油管表现为内壁被磨出凹槽，甚至裂缝，加上井液腐蚀，会导致穿孔。如图3－9、图3－10所示。

图3－8　螺纹漏失

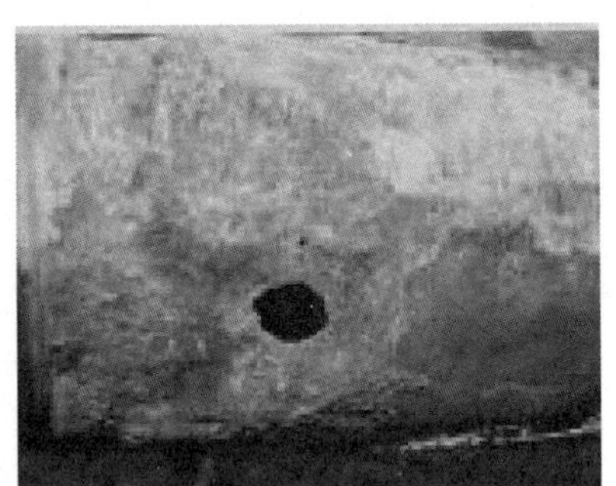

图3－9　油管腐蚀穿孔

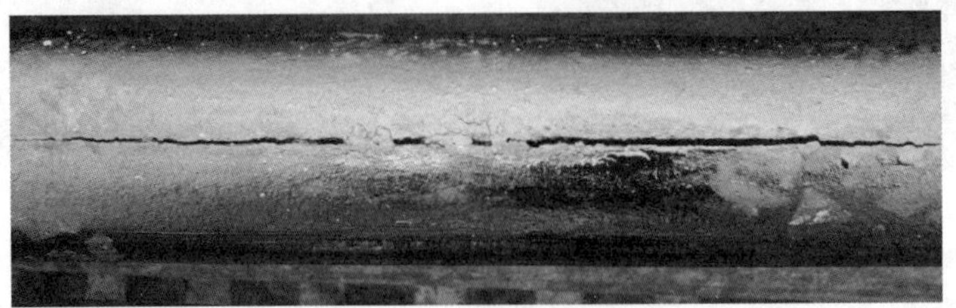

图3－10　油管偏磨裂缝

3.3　分析油管失效影响因素。

3.3.1　油管材质对油管的影响。油管材质或加工工艺不合格，使油管的强度、防腐、耐磨等性能下降。

3.3.2　抽油杆对油管的影响。抽油杆在使用过程中弯曲，与油管内壁产生摩擦，出现偏磨现象。

3.3.3　井液对油管的影响。在油井开发生产过程中，由于地层井液中含有硫化氢、二氧化碳，C1 离子等几种因素共同作用，对薄弱区进行腐蚀。

3.3.4　油管连接螺纹对油管的影响。

(1)螺纹加工参数存在偏差、表面质量差会对内外螺纹匹配度及密封性产生不利影响，导致螺纹黏扣甚至脱扣。

(2)油管上扣、引扣不到位会导致油管脱扣。

(3)油管上扣扭矩值过大，使油管屈服强度、抗拉强度降低，断裂的可能性增加。

3.4　油管失效采取的预防措施。

4　操作要点

4.1　油管失效预防措施(仅从油管检修方面进行阐述)。

4.1.1　井上回收的油管严格按照检修标准进行检测，并进行分类处置。

4.1.2　做好二次使用油管螺纹的人工挑选，并按要求涂抹螺纹润滑脂。

4.1.3　修复油管螺纹的几何尺寸按 API 标准要求严格控制，保证下井油管螺纹的质量。

4.1.4　规范装卸、运输，不应硬碰、硬砸，避免造成螺纹损坏。

4.1.5　油管存储架距地面高度不低于 300mm，各层间应至少均匀放置三处隔离物。

项目二　抽油杆的失效分析

1　项目简介

通过抽油杆在采油作业过程中出现的失效形式，进行分析，找出原因，并从抽油杆检修方面采取改进和预防措施。

2　操作前准备

2.1　穿戴整齐劳保用品。主要包括防静电工服、防静电工鞋、防油手套、安全帽。

2.2　准备工用具和材料：

钢丝刷 1 把、棉纱适量、护目镜 1 副、空白报告单 1 张、记录笔 1 支。

3　操作步骤

3.1　戴上护目镜，用钢丝刷清洁失效抽油杆表面，用棉纱擦拭干净。

3.2　观察抽油杆失效部位，综合分析抽油杆失效类型，主要包括断裂和脱扣。

3.2.1　断裂。断裂部位主要发生在外螺纹接头、扳手方颈、锻造热影响区，如图3－11所示。

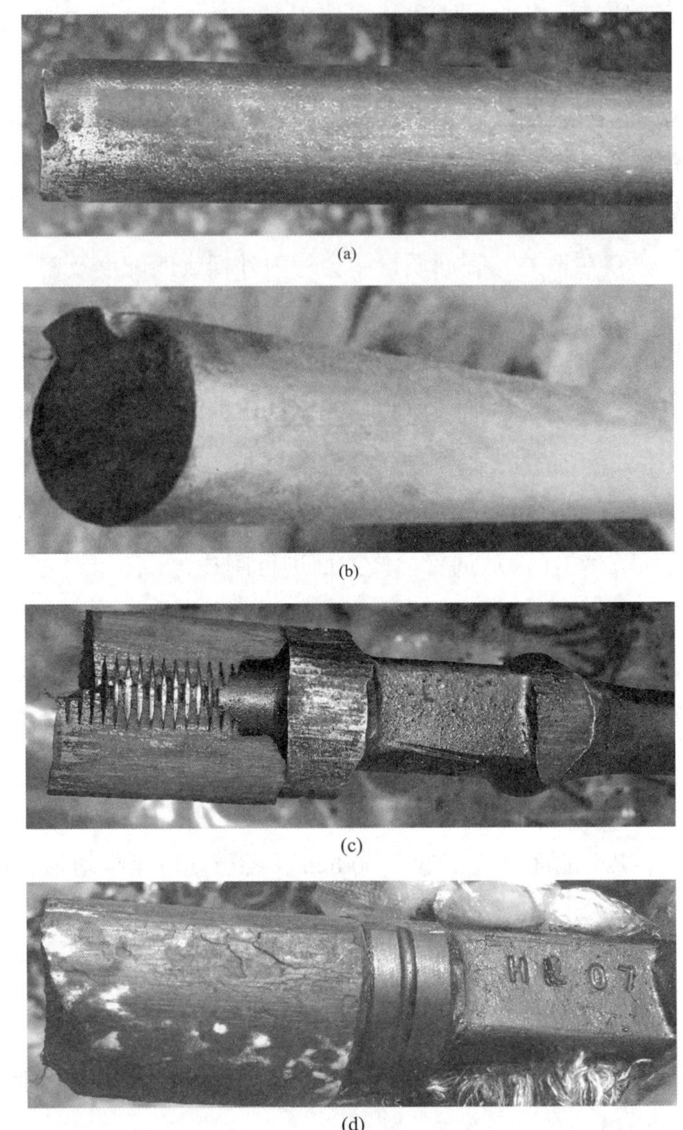

(a)

(b)

(c)

(d)

图3－11　抽油杆及接箍断裂

(1)抽油杆断裂的主要原因是疲劳断裂。多发生在从内部与外螺纹接头第一个完整扣相重合的地方。

(2)由于腐蚀造成的断裂。

(3)因超载造成的断裂。

(4)偏磨以及严重磨损造成的断裂。

3.2.2　脱扣。抽油杆与接箍连接螺纹松动，导致抽油杆与接箍脱开，如图3－12所示。

图3－12　脱扣

3.3　分析抽油杆断裂原因。

3.3.1　抽油杆外螺纹接头断裂的原因：

(1)预紧力过大或不足。

(2)材料缺陷或热处理质量不符合要求。

(3)螺纹加工质量差。

(4)抽油杆台肩侧面与接箍端面的垂直度不符合要求。

(5)抽油杆台肩侧面与接箍端面接触不紧密，流入井液，引起腐蚀。

(6)抽吸载荷超载。

3.3.2　抽油杆扳手方颈区断裂的原因：

(1)由于锻造缺陷引起。

(2)扳手方颈两端过渡圆角小，应力集中。

(3)机械损伤。

3.3.3　抽油杆热影响区断裂的原因：

(1)晶粒粗大，表面存在残余拉应力。

(2)锻造后在热影响区的杆上有压痕或局部直径变小。

(3)杆头弯曲，包括制造过程中和使用磨损严重的吊卡引起的杆头弯曲。

3.3.4　抽油杆杆体断裂的原因：

(1)由于制造、运输和储存过程引起弯曲。

(2)使用中杆体弯曲(偏磨)。

(3)材料缺陷或热处理质量不符合要求。

(5)表面刻痕、凹坑引起应力集中。

(6)抽油杆柱设计不正确，局部杆超载或因卡泵超载。

(7)腐蚀。

3.3.5 抽油杆接箍断裂的原因：

(1)接箍与油管偏磨。

(2)材料缺陷或热处理质量不符合要求。

(3)表面刻痕、凹坑引起应力集中。

(3)内螺纹牙底形状不符合要求，引起应力集中。

(4)腐蚀。产生的原因有接触面不清洁、预紧力矩不够、螺纹制造质量等。

3.4 分析抽油杆脱扣原因：

3.4.1 抽油杆台肩端面与接箍端面的平行度不符合要求。

3.4.2 预紧力不足。

3.4.3 装配前没有将抽油杆外螺纹与接箍清洗干净。

3.4.4 选用的螺纹润滑剂不合适。

3.4.5 液击、撞泵的冲击载荷的影响。

3.4.6 悬绳器的扭摆的影响。

3.4.7 抽油系统的振动。

3.4.8 抽油杆柱下部弯曲。

3.5 抽油杆失效采取的预防措施。

4 操作要点

抽油杆失效的预防措施(仅从抽油杆检修方面进行阐述)如下：

4.1 井上回收的抽油杆严格按检修标准进行检测，并进行分类处置。

4.2 做好二次使用抽油杆螺纹的挑选、修复，并按要求涂抹螺纹润滑脂。

4.3 抽油杆在装卸和储存方面的预防措施：

(1)规范运输和装卸。应防止抽油杆和其端头受到磕碰、弯曲或由于护丝受挤压而损伤螺纹，更不应使其产生永久性扭折或弯曲变形。

(2)按等级和规格分别进行储存，应堆放在台架或垫木上(其材料或其表面的材料应不磨损抽油杆)，并离开地面。

(3)对包装好的抽油杆，各种台架或垫木应放在每个包装件横支撑下，各包装件垛起时，应使其横支撑垂直成排。

(4)对于散装的抽油杆最少要有 4 个支架或垫木的支撑。

单元四　设备的检修保养及故障排除

油管(杆)检修工艺能正常运行，需要流水线完好设备的支持，因此，操作工人需具备保养、检修设备以及排除故障的能力。

模块一　主体设备的检修保养

项目一　液压拧扣机的保养

1　项目简介

液压拧扣机是油管(杆)检修工艺中重要的设备之一，该设备是整个工艺流程的关键环节。按照“清洁、润滑、紧固、调整、防腐”十字作业法对液压拧扣机进行一级维护保养，提高液压拧扣机的使用寿命，避免事故的发生。

2　操作前准备

2.1　穿戴整齐劳保用品。主要包括防静电工服、防静电绝缘鞋、防油手套、安全帽、护目镜。

2.2　准备工用具和材料：

黄油枪 1 把、开口扳手 1 套、内六角扳手 1 套、钢丝刷 1 把、三角锉刀 1 把、棉纱适量、清洁油(剂)适量、润滑油脂适量和保养记录单 1 张。

3　操作步骤

3.1　切断电源、压缩空气源，挂上检修警示牌。

3.2　保养液压系统。

3.2.1　检查油泵、阀组、液压马达及液压管路有无破损、渗漏。

3.2.2　用开口扳手检查并紧固各连接油壬、各固定部位螺栓。

3.2.3　检查液压系统压力表是否在校验期内，表盘刻度是否清晰。

3.2.4　检查液压油油位、油质。

3.3　检查液压拧扣机总成。

3.3.1　检查背钳支撑座。

3.3.2　检查背钳蜗杆。

3.3.3　检查主钳底座固定螺栓。

3.3.4　清理主钳外表面及钳内油污。

3.3.5　清理钳牙，检查钳牙牙型。

3.4　保养完成后试机运转。

3.4.1　启动液压拧扣机，空载运转5min，检查运转是否正常。

3.4.2　开合主钳，试运转并用内六角扳手调整摩擦片松紧度。

3.5　关闭电源，回收工具，清理现场。

3.6　填写保养记录单。

4　操作要点

4.1　检查、保养拧扣机应在停机、停电的情况下进行。

4.2　保养液压系统。

4.2.1　油泵、阀组、液压马达及液压管路有破损、渗漏，应更换密封件或配件。

4.2.2　各连接油壬、固定部位螺栓有松旷，应用开口扳手调整、紧固。

4.2.3　压力表应在校验期内，表盘刻度清晰。

4.2.4　油箱油位应在1/2～2/3之间，油质无发白变质现象。

4.3　检查液压拧扣机总成。

4.3.1　用钢丝刷清理背钳支撑座内油污，用棉纱擦拭干净，涂抹润滑油脂。润滑脂涂抹应均匀无堆积。

4.3.2　用钢丝刷清理背钳蜗杆上的油污，用棉纱擦拭干净后，涂抹润滑油脂。润滑脂涂抹应均匀无堆积。

4.3.3　主钳底座固定螺栓有松旷，应用开口扳手调整、紧固。

4.3.4　用棉纱和钢丝刷清理主钳外表面及钳内杂物。

4.3.5　用钢丝刷清理钳牙表面油污。钳牙有损伤时，使用三角锉刀修整钳牙或更换钳牙。

4.4　保养完成后试机运转。

4.4.1　试运行时，主钳钳牙咬合不紧或钳牙不复位，应对摩擦片、摩擦片压紧螺栓、弹簧进行调整或更换。更换摩擦片时，先用毛刷清理摩擦盘内碎屑，再安装新摩擦片。

4.4.2　用内六角扳手调整摩擦片松紧度时，应采用对角调整。调整时螺栓旋进力要轻而均匀，旋进量要小。做到边调边试，直至达到工艺要求。

4.5　填写保养记录单时，应填写完整。

5　安全注意事项

5.1　规范穿戴劳保用品。

5.2　拧扣机保养时应在操作电源柜上悬挂“正在检修 禁止合闸”警示牌。

5.3　保养主钳、蜗杆等活动部件时，应使用工具，禁止徒手操作。

5.4　使用钢丝刷进行清洁保养时，动作应轻缓，向前、单方向用力，并按要求佩戴护目镜。

5.5　使用毛刷清理摩擦盘碎屑时应佩戴护目镜，动作应轻缓。禁止徒手操作，不得吹扫碎屑。

5.6　试运行时应保证主钳、支撑座滑轨等活动部位无阻碍物。

6　应急事故预防及处置

6.1　保养操作时发生挤伤、碰伤，应立即停止操作，视情况处理，严重时送医医治。

6.2　如碎屑、脏物进入眼睛，要及时清理，严重时送医医治。

项目二　试压泵的维护保养

1　项目简介

试压泵是油管试压的关键性设备。掌握试压泵的维护保养是油管(杆)修复工的必备技能。按照“清洁、润滑、紧固、调整、防腐”十字作业法对试压泵进行一级维护保养，提高试压泵的使用寿命，避免事故的发生。

2　操作前准备

2.1　穿戴整齐劳保用品。主要包括防静电工服、防静电工鞋、防油手套、安全帽。

2.2　准备工用具、材料：

黄油枪 1 把、开口扳手 1 套、钢丝刷 1 把、平口螺丝刀 1 把、润滑油脂若干、棉纱适量、清洁油(剂)适量。

3　操作步骤

3.1　切断电源、压缩空气源，挂上检修警示牌。

3.2　清洁试压泵表面，做到干净无油污、无杂物。

3.3　检查各部件紧固情况。

3.4　检查柱塞连接螺母和填料压紧螺母。

3.5　检查水箱内水位。

3.6　检查试压泵柱塞油杯内润滑油。

3.7　检查曲轴箱润滑油油位。

3.8　检查各连接管路。

3.9　清洁、检查压力表。

3.10　试压泵检查维护、保养完后，进行试运行。

3.11　关闭电源，回收工具，清理现场。

4　操作要点

4.1　试压泵、连接件表面应清洁干净。

4.2　各部件紧固螺栓松旷时用扳手紧固。

4.3　水箱水位应保持充足。

4.4　柱塞油杯内、曲轴箱润滑油应充足。

4.5　各连接管路有渗漏，应调整紧固。

4.6　油箱油位应在1/2～2/3之间，油质无发白变质现象。

4.7　压力表应在校验期内，表盘刻度清晰可见。

4.8　维护保养后，应试运行，保证试压泵正常、可靠。

5　安全注意事项

5.1　规范穿戴劳保用品。

5.2　试压泵保养时，应在操作电源柜上悬挂“正在检修 禁止合闸”警示牌。

5.3　保养前应先卸除泵内残余压力，严禁带压检修保养。

5.4　启动试压泵试运转过程中，人员必须撤离高压区域。

6　应急事故预防及处置

6.1　保养操作时发生挤伤、碰伤，应立即停止操作，视情况处理，严重时送医医治。

6.2　如碎屑、脏物进入眼睛，要及时清理，严重时送医医治。

项目三　NT 系列漏磁探伤机参数调整

1　项目简介

漏磁探伤机是检验油管(杆)本体缺陷的重要设备。

为确保油管(杆)的修复质量，准确检测本体缺陷，应熟练掌握漏磁探伤机参数的调整方法。

2　操作前准备

2.1　穿戴整齐劳保用品。主要包括防静电工服、防静电工鞋、防油手套、安全帽。

2.2　检查各传动部件是否润滑到位。

2.3　检查气动压力，应在0.4～0.6MPa范围内。

2.4　检查配电柜电流表、电压表、工作指示灯。如有异常应向上级汇报，等候专业电工维修。

2.5　准备工具和材料：

带探伤软件电脑 1 台、探伤仪 1 台、样管 1 根、样棒 1 根、铁质垫圈 1 个。

3　操作步骤

3.1　打开探伤仪及电脑，启动探伤软件，进入探伤监控界面。如图 4－1 所示。

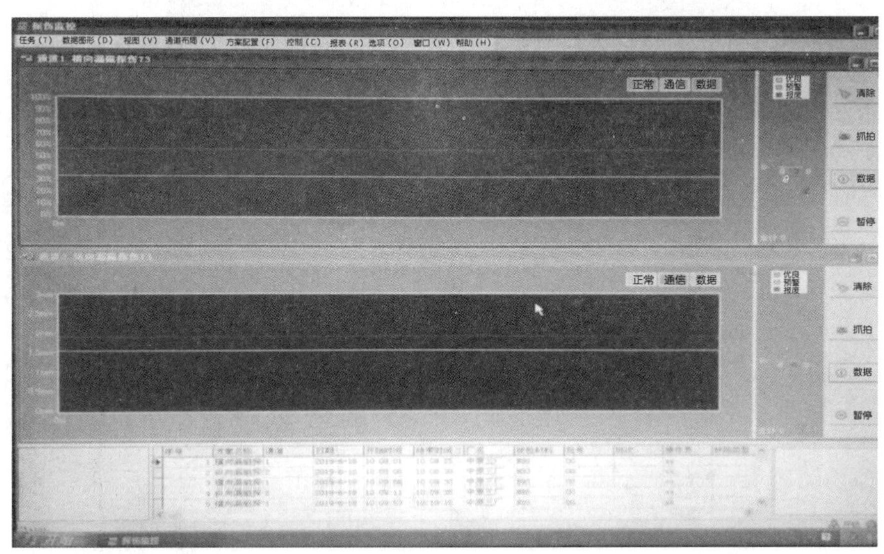

图 4－1　启动探伤仪软件

3.2　在软件工具栏，选择“方案配置”，进入参数调整界面。如图 4－2 所示。

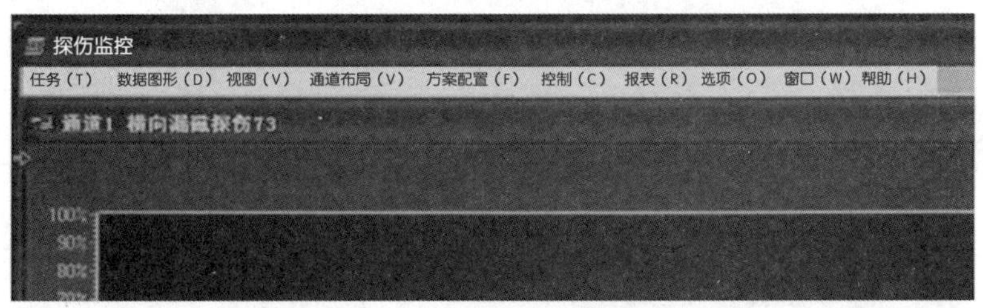

图 4－2　方案配置

3.3　选择“样品属性参数调整”，按照规格型号命名此次探伤参数，点击“确认”。如图 4－3 所示。

3.4　选择“检测参数调整”。推荐：调整测试速度（10～60m/min）、头端延时、尾端延时（头尾延时 0～10s 可调），点击“确认”。如图 4－4 所示。

3.5　选择“均衡整定”。

下限：选择 60；上限：选择 70；周期：选择 0.1；延时：选择 0。

衰减：选择 1；通道：控制 8 路，检测通道开或关，选中为开通。

点击“确认”。如图 4－5 所示。

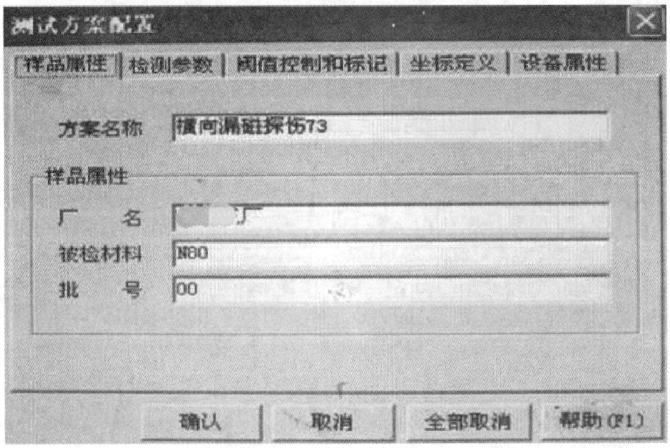

图 4－3　样品属性

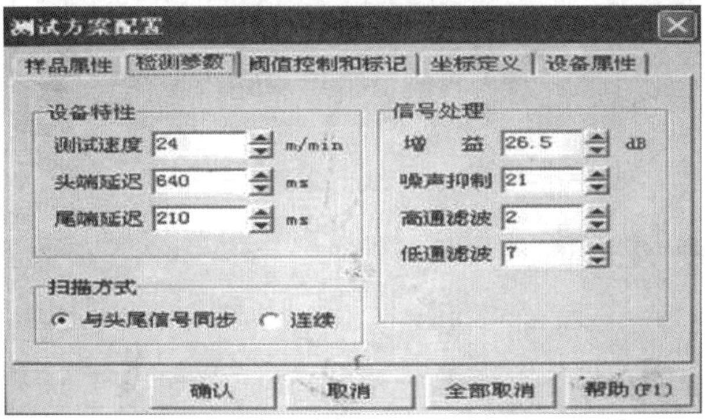

图 4－4　检测参数调整

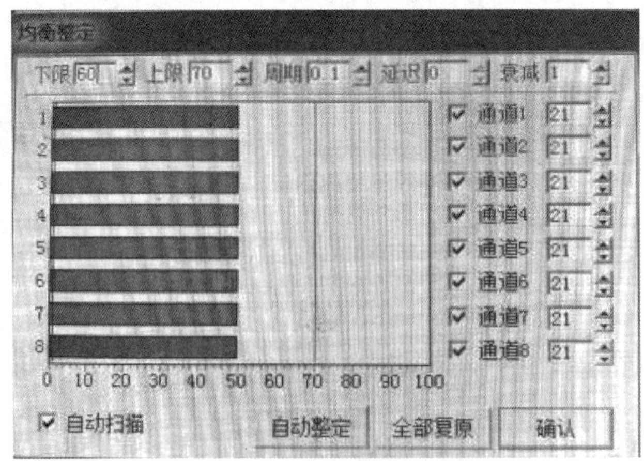

图 4－5　均衡整定

3.6　控制系统选择手动探伤状态，往返走动样管(样棒)使屏幕显示一个完整的标准伤波形，适当调节通道校验指标，8 路检测通道达到均衡。

3.7　选择“检测参数调整”：调节增益参数值，使标准伤波形所显示的幅度值与实际数值相同，同时保证信号幅度约为整个屏幕的2/3左右，点击“确认”。如图4－6所示。

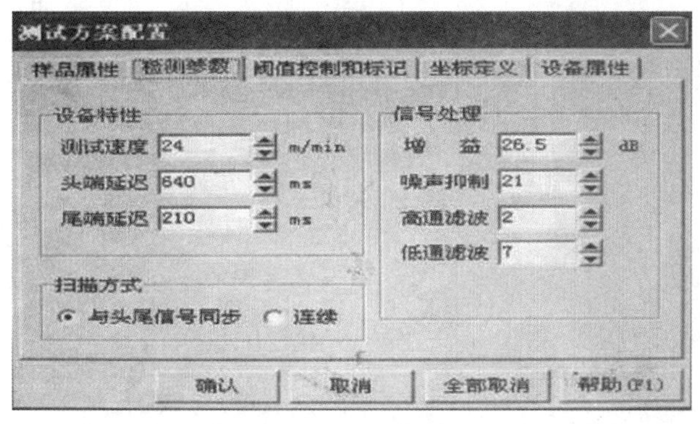

图4－6　调节增益参数值

3.8　调节LD、SD电平大小(0～16级可调，步长1)使标准伤型进入相应区域，即标准伤信号刚好报警。

3.9　将调整好的参数保存。

3.10　关闭计算机及探伤仪。

4　操作要点

4.1　调整参数时控制系统应处于手动探伤状态。

4.2　各项参数调整应能准确反映样管(样棒)的缺陷。

4.3　参数调整后应确认保存。

5　安全注意事项

5.1　规范穿戴劳保用品。

5.2　操作中应防止样管(样棒)碰伤人员及设备。

6　应急事故预防及处置

6.1　操作时发生挤伤、碰伤，应立即停止操作，视情况处理，严重时送医医治。

6.2　操作中若发生触电伤害，应立刻拉闸断电，使触电者脱离电源，移至通风的地方，判断有无心跳和呼吸，采取胸外按压和人工呼吸法进行抢救，拨打急救电话。

项目四　杆体漏磁探伤探头总成的检修

1　项目简介

抽油杆杆体漏磁探伤探头总成是探伤机的核心部件，通过清洁、检查、调整、更换、保养等手段，提高总成的准确性和可靠性，可有效保证杆体探伤的准确性和灵敏性。

2　操作前准备

2.1　穿戴整齐劳保用品。主要包括防静电工服、防静电工鞋、防油手套、安全帽(工帽)。

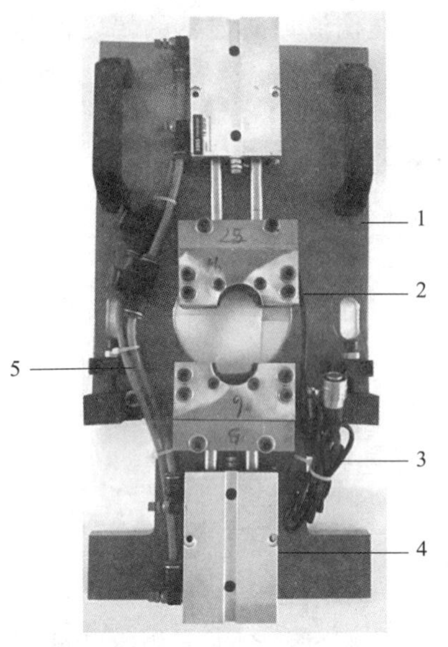

图 4－7　探头总成

1—固定底板；2—探头；3—信号线；4—微型气缸；5—气管线

2.2　准备工用具和材料：

主要包括：内六方扳手 1 套、毛刷 1 把、螺丝刀 1 把、探芯 2 只、清洁油(剂)适量、毛巾纱适量和润滑油适量。

3　操作步骤

3.1　关闭电源，切断压缩空气源。

3.2　拆除探头总成上微型气缸的气管线，拔掉信号线，卸掉固定螺栓，抓住提手，将其移到检修工位。

3.3　清洁总成(图 4－7)表面杂质。清洁两个微型气缸表面及拉杆表面杂质，上下活动拉杆，检查灵活度，并在拉杆上涂抹润滑油。

3.4　将两个探头组件从总成上拆下，解体、检查探芯，如图 4－8、图 4－9 所示。

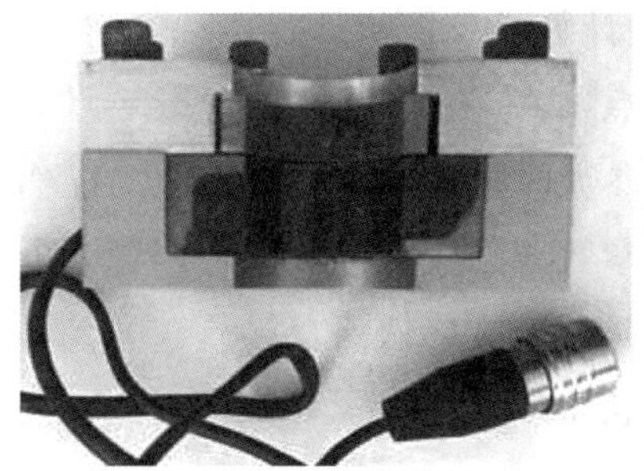

图 4－8　杆体探伤探头

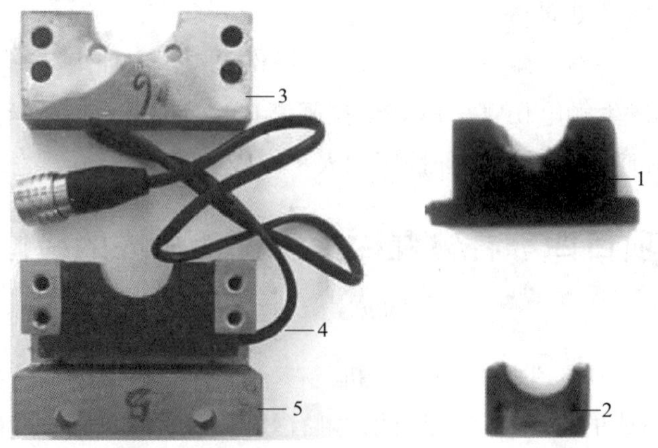

图 4－9　探头解体

1—探芯；2—防磨板；3—探芯固定压盖；4—探芯信号线；5—探芯固定底板

3.4.1　将探头拆解，清理探芯、防磨板、上下固定板上的油污、杂质。如图4-9、图4-10所示。

3.4.2　检查探芯、防磨板的磨损情况，对损坏超标的进行更换。

3.4.3　组装探头，固定到底板上，探芯中心对正。

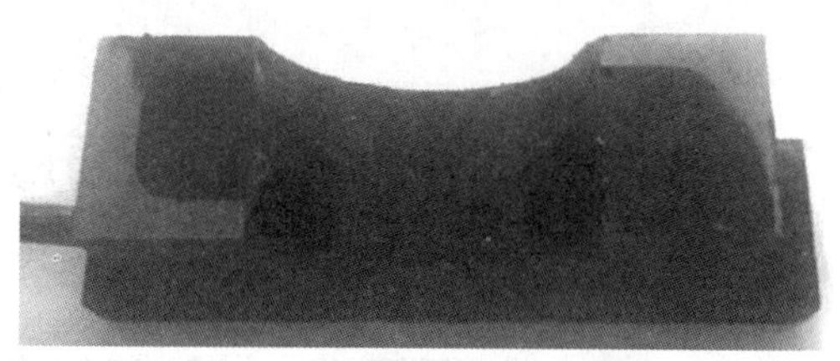

图4-10　探芯

3.5　组装探头总成，用手拨动探头，检查伸缩情况。

3.6　将总成移位到设备上固定，连接气管线、信号线。

3.7　打开气源、电源、监控电脑、探伤仪，将与探头规格匹配的样杆放入探伤工位，操作系统选用手动操作。

3.8　进入探伤监控程序，选择相应规格程序文件，手动探伤，检验样杆伤型显示是否标准，否则调整参数。

3.9　选择检测参数栏，上下调整增益，使样杆的伤型显示标准，确认保存参数。退出程序(参照本单元项目三：NT系列漏磁探伤机参数调整)。

3.10　关闭电脑、探伤仪、电源、回收工具，清理现场。

4　操作要点

4.1　移动探头总成时，应轻拿轻放。注意保护信号线，避免造成损伤。

4.2　防磨板磨损低于探芯时需更换。

4.3　清理探芯时，应避免损伤探芯灵敏层。

4.4　探芯灵敏区有磨损应更换。

4.5　样杆与探头规格应一致，不得混用。

4.6　检验探头灵敏度时，参数调整可只调增益。

5　安全注意事项

5.1　规范穿戴劳保用品。

5.2　确认压缩气源关闭，方可拔出气管线，防止伤人。

5.3　探头总成移位时，应抓稳，轻拿轻放，避免砸伤。

6　应急事故预防及处置

6.1　如出现碰伤、砸伤，立即停止操作，及时进行处理，严重时送医医治。

6.2　操作中若发生触电伤害，应立刻拉闸断电，使触电者脱离电源，移至通风的地方，判断有无心跳和呼吸，采取胸外按压和人工呼吸法进行抢救，拨打急救电话。

模块二　辅助设备的检修保养

项目一　空气压缩机的日常维护和保养

1　项目简介

空气压缩机是油管(杆)检修工艺重要的辅助性设备。为确保空气压缩机的正常运行，按照设备保养规程对空气压缩机进行日常维护保养和强制保养，避免停工事件的发生。

2　操作前准备

2.1　穿戴整齐劳保用品。主要包括防静电工服、防静电工鞋、防油手套、安全帽(工帽)。

2.2　准备工用具和材料：

梅花扳手1套、双头呆扳手1套、平口螺丝刀1把、450mm管钳1把、棉纱适量、清洁油(剂)适量。

3　操作步骤

3.1　切断电源，挂上检修警示牌。

3.2　清洁空气压缩机设备表面和地面油污、杂物。

3.3　检查冷却剂的液位。

3.4　检查、清洁空滤器指示仪。

3.5　将空气滤芯取下清洁，用低于0.2MPa低压压缩空气由内向外吹干净。

3.6　检查软管和管接头是否有泄漏情况。

3.7　检查、清洁分离芯。

3.8　清洗水分离器，保证冷凝水正常排放。

3.9　保养完成后，试运行空气压缩机，并观察油冷却器工作状况、机组温度。

3.10　运行完毕，关闭电源，回收工具，清理现场。

4　操作要点

4.1　冷却剂的液位应在油窗的1/2～2/3之间。

4.2　空滤器指示仪显示红色时，应更换空滤器。

4.3　分离器压差达到0.06MPa以上，极限0.1MPa，或压差开始有下降趋势时应停机。

4.4　试运行过程中，若某项安全保护动作自动跳停，应停机查明原因后方可开车。

4.5　保持空压机房卫生，保证进气质量。

4.6　运行中检查设备运转声音，应无异常。

4.7　检查机组温度，应在103℃ 以下。

4.8　吸气压力、排气压力、油温、油压等参数，每1h进行一次记录。

5　安全注意事项

5.1　规范穿戴劳保用品。

5.2　空气压缩机保养时应在电源柜上悬挂“正在检修 禁止合闸”警示牌。

5.3　添加冷却剂时，内压释放完毕，应确认系统无压力后，才能打开加油口添加。

5.4　有高温热源处，安全防护应到位，防止烫伤。

6　应急事故预防及处置

6.1　如出现碰伤、砸伤，立即停止操作，及时处理，严重时送医医治。

6.2　发生烫伤事故后，将伤口迅速用干净流动的冷水冲洗，并送医院医治。

6.3　发生触电伤害，应立刻拉闸断电，使触电者脱离电源，移至通风的地方，判断有无心跳和呼吸，采取胸外按压和人工呼吸法进行抢救，并及时拨打急救电话。

项目二　气缸的保养与检修

1　项目简介

气缸在油管(杆)修复线的主要作用是将压缩空气的压力能转换成机械能，驱动元件作直线往复运动。

气缸解体后，通过清洁、检查、更换、保养等手段，保证气缸的正常运行，并提高使用寿命。本项目以SC拉杆式气缸为例学习。

标准气缸(SC系列，拉杆式)产品特性，见表4－1。

表4－1　SC系列标准气缸特性表

内径/mm	32	40	50	63	80	100
动作形式	复动					
使用压力/MPa	0.1～1.0					
保证耐压力/MPa	1.5					
工作温度/℃	－20～80					
使用速度/(mm/s)	30～800					

2　操作前准备

2.1　穿戴整齐劳保用品。主要包括防静电工服、防静电工鞋、防油手套、安全帽(工帽)。

2.2　准备工用具和材料：

内六方扳手1套、毛刷1把、游标卡尺1把、钢卷尺1个、平口螺丝刀1把、皮锤1

把、记录笔1支，空白报告单1张、密封圈若干、1000目砂纸适量、毛巾纱适量、棉纱适量、清洁油(剂)适量、气缸润滑油适量。

3 操作步骤

3.1 切断气源，将气缸移至开阔处，用棉纱清洁气缸表面杂质，放置到检修工作台上。

3.2 若气缸标牌清楚，根据标牌识别气缸规格型号并记录，如图4-11所示。

举例：型号SC80×100气缸。SC——铝制轻型气缸；80——缸筒内径为80mm；100——气缸行程为100mm。

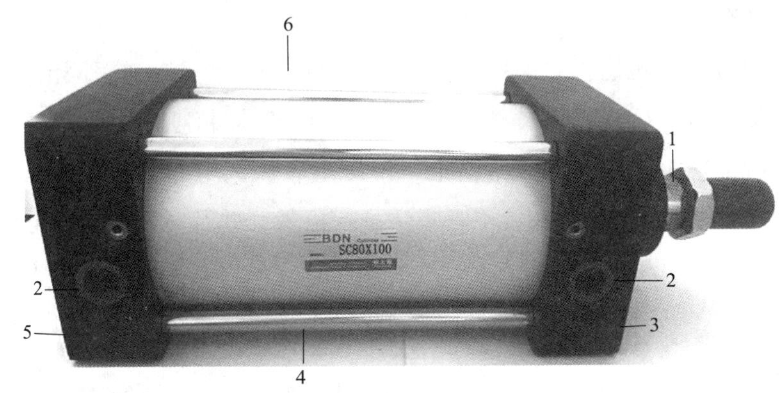

图4-11 SC气缸(FA型)

1—活塞杆；2—气孔；3—前端盖；4—紧固螺杆；5—后端盖；6—缸筒

3.3 气缸从外到内按顺序解体。

3.3.1 取下气缸活塞杆上的螺帽。

3.3.2 用内六方扳手拆卸气缸上下压盖的4条固定螺杆，卸松后取下，并轻取前后端盖，密封圈裸露的位置朝上放置在平台上。

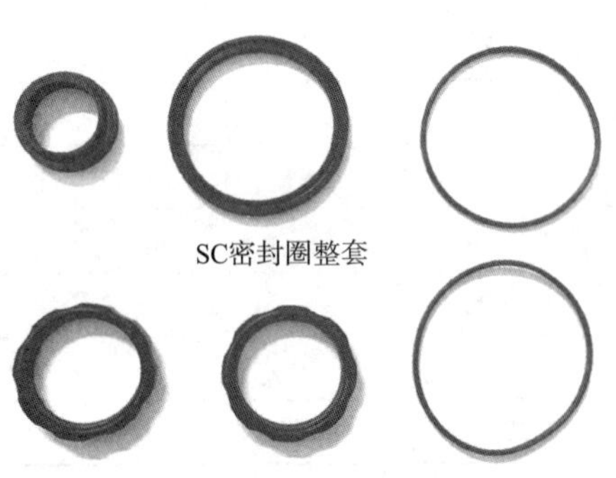

图4-12 气缸密封圈基本配置

3.3.3 拉出活塞杆，放置到平稳处。

3.3.4 用平口螺丝刀依次取下前后端盖、活塞杆上的全部密封圈。气缸密封圈基本配置如图4-12所示。

3.4 用清洁油(剂)清洁所有部件，用毛巾纱擦拭干净，检查各部件磨损程度。如果有细小拉槽或毛刺的部位，用砂纸打磨光滑，防止漏气，减少密封圈的磨损。

3.5 用毛巾纱清洁密封圈，记录密封圈数量。检查密封圈，如有变形、龟裂、缺损现象，选择相同规格进行更换。

3.6 组装气缸。

3.6.1 检查密封圈规格型号。

3.6.2 密封圈表面涂抹润滑油，依次安装在原有位置。

3.6.3 按拆卸反序组装缸体，紧固螺栓。

3.7 气缸保养、检修后，进行密封性检验。

3.8 填写检修报告单。

4 操作要点

4.1 气缸应轻拿轻放，检修工位应干净平整。

4.2 若气缸标牌不清晰，可通过拉动活塞杆，测量活塞杆的伸缩变化量得出气缸行程。用游标卡尺测量缸筒内径，得出气缸规格并记录。

4.3 气缸解体要点。

4.3.1 严禁用力过猛，取前后端盖时可用皮锤敲击对角。

4.3.2 取活塞杆时，一手托住活塞杆，一手扶住缸筒，轻轻缓慢拉出。

4.3.3 取密封圈时，对准槽口，应避免损坏安装槽，记录数量，摆放整齐。

4.3.4 解体后各部件摆放整齐。

4.4 检查气缸时，需要评估部件的维修价值。如果活塞杆或缸体拉槽太深，磨损厉害，活塞杆、缸筒和密封圈座变形的，不能维修，直接更换部件。

4.5 组装气缸要点。

4.5.1 密封圈需对应安装，方向要准确，应与拆卸数量、规格一致。

4.5.2 前后端盖气孔应在同一侧。

4.5.3 紧固螺栓时应对角进行。

4.6 拉动活塞杆，活动自如。

4.7 气缸密封性检验方法：用手紧紧堵住气孔，拉动活塞杆，拉的时候有很大的反向力，放的时候活塞杆会自动弹回原位；拉出活塞杆，用手按压有很大的反向力，放的时候气缸会自动弹回原位。密封性检验合格。

4.8 手动检验气缸时，密封性达不到要求，需重新检修。

4.9 检修报告单应填写气缸工作位置、型号、更换的配件型号和数量、检修结果。

5 安全注意事项

5.1 规范穿戴劳保用品。

5.2 气缸在动作过程中，禁止将身体任何部位置于其行程范围内，以免受伤。

5.3 气缸移位时，应先切除气源，保证气缸体内气体放空，设备处于静止状态方可作业。

5.4 气缸解体或安装时，工具使用应规范，避免夹伤手。

6 应急事故预防及处理

如出现碰伤、砸伤，立即停止操作，及时处理，严重时送医医治。

项目三 传输线微型电动机抽芯保养

1 项目简介

微型电动机是传输线上常用的辅助设备，按照“清洁、润滑、紧固、调整、防腐”十字作业法对微型电动机进行维护保养，保养好微型电动机是油管(杆)修复工的必备技能。以微型异步电动机电机为例进行学习。

2 操作前准备

2.1 穿戴整齐劳保用品。主要包括防静电工服、防静电工鞋、防油手套、安全帽。

2.2 准备工用具和材料：

微型异步电动机1台、毛刷1把、卡簧钳1把、皮老虎1只、梅花扳手1套、螺丝刀1把、毛巾纱适量、清洁油(剂)适量、润滑脂适量。

3 操作步骤

3.1 将电动机(图4－13)移至检修平台，按顺序解体，如图4－14所示。

图4－13 微型异步电动机外形例图

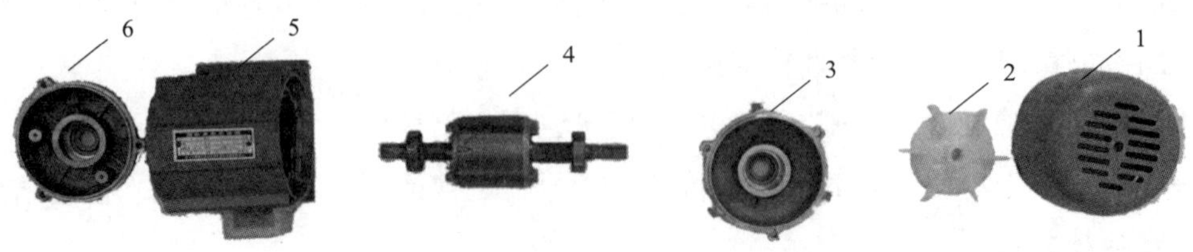

图4－14 微型异步电动机解体图

1—风罩；2—风扇；3—后端盖；4—转子部分；5—机座；6—前端盖

3.2 拆下电机风扇罩，用毛刷和皮老虎清理通风孔及内部灰尘。

3.3 用卡簧钳取下风扇卡簧，拆下风叶，用毛刷清理风扇积灰，检查风扇有无变形。

3.4 用毛刷和皮老虎清理电机本体及通风槽等处的灰尘。

3.5 做好前、后端盖的原始装配位置标记。

3.6 拆卸前、后端盖，用清洁油(剂)清洁轴与轴承安装面，检查轴与轴承安装面有无磨损，检查轴承有无磨损、锈蚀现象，如有应更换轴承。

3.7 转子移出定子膛。转子抽出后，检查转子有无偏磨、划伤。

3.8 用皮老虎吹扫定子膛，清洁定子、转子上的灰尘。检查定子铁芯有无锈蚀现象。

3.9 检查定子绕组的绝缘漆，应无气泡、剥落及损伤，定子应无扫膛、磨损，否则送专业维修进行绝缘或更换。

3.10 检查、清洁绕组线圈端部。

3.11 轴承端盖加注润滑油，安装前后端盖。

3.12 按标记、按拆卸顺序倒序正确组装电机。

3.13 组装完毕后，手动盘车，应转动灵活无异响。

3.14 整理工具、清理现场。

4 操作要点

4.1 从定子中抽出转子时，应缓慢水平，避免定、转子间相互摩擦、碰撞，防止损坏定子绕组或绝缘。

4.2 转子抽出后，应放置在枕木上。

4.3 检查轴承的工作情况，应无左右窜动现象或异响。

5 安全注意事项

5.1 规范穿戴劳保用品。

5.2 拆卸电动机零部件时应轻拿轻放，放置稳固，防止砸伤。

6 应急事故预防及处置

操作过程中砸伤手脚，应及时处理，严重时送医医治。

模块三　故障检修、排除

油管(杆)检修过程中，设备会出现各种故障，影响生产，需及时进行检修、排除。因此，岗位操作工人应学习、掌握基本的故障排除技能。

项目一　液压拧扣机故障排除

1　项目简介

液压拧扣机是油管(杆)检修工艺中重要的设备之一，该设备主要承担油管(杆)接箍的拆卸、装配任务，是油管(杆)检修工艺流程的关键节点。正确分析和判断液压拧扣机故障，并对故障进行及时、准确排除，保证设备运转正常。

2　操作前准备

2.1　穿戴整齐劳保用品。主要包括防静电工服、防静电绝缘鞋、防油手套、安全帽、护目镜。

2.2　准备工具和材料：

主要包括：开口扳手1套、内六角扳手1套、三角锉1把、钢丝刷1把、毛刷1把、棉纱适量、清洁油(剂)适量和润滑油脂适量。

3　操作步骤

3.1　分析达不到工作压力的原因。

3.1.1　检查压力表工作情况：停机状态观察压力表是否归零；启动电源及油泵，观察压力表当前数值。

3.1.2　检查溢流阀工作情况：顺时针缓慢旋转调整溢流阀手轮，观察压力表数值是否上升。若上升，继续调整手轮至工作压力。若无变化，停机，拆下溢流阀检查是否堵塞，若有堵塞则使用清洁油、毛刷对溢流阀进行清洗疏通。

3.1.3　检查液压油泵工作情况：油泵回油口油量应保持正常，无异响。若有异常则更换液压油泵。

3.2　分析液压系统压力不稳定的原因。

3.2.1　检查油箱中液压油油位是否过低，油箱油位应在油位标尺的1/2～2/3之间。

3.2.2　观察液压软管工作时是否存在明显的、频率不均的震动情况，若有则是油泵吸入空气或者油内有气泡影响系统压力。打开油泵排气阀将空气排出。

3.2.3　检查吸油管滤网是否堵塞，若有堵塞情况则使用清洁油、毛刷对滤网进行清理疏通。

3.2.4　检查液压油油质情况，确认油品无发白变质。

3.3　分析液压系统噪声过大的原因。

3.3.1　检查滤油器是否堵塞；若有堵塞情况则清洁滤油器。

3.3.2　检查液压泵油封是否损坏，若有损坏则更换油封。

3.3.3　检查油泵固定螺丝松紧度，确保固定螺栓无松动。

3.3.4　检查电动机固定螺丝松紧度，确保固定螺栓无松动。

3.3.5　检查泵站联轴器是否完好，确保联轴器无变形、无松旷、梅花垫无破损。若有异常则更换联轴器或者梅花垫。

3.3.6　检查油泵、电机同轴度。观察联轴器是否有明显错位现象，若有则调整油泵或者电机的相对位置。

3.4　分析钳牙不到位的原因。

3.4.1　检查摩擦片压紧螺栓的松紧度，适当调整摩擦片压紧螺栓。

3.4.2　检查摩擦片是否磨损严重，若有则更换摩擦片。

3.4.3　检查摩擦片压紧弹簧是否过松，导致制动力矩小、钳牙不出，若有则更换摩擦片压紧弹簧。

3.4.4　检查行星爪内有无杂物阻碍，若有杂物则使用钢丝刷和清洁油(剂)对行星爪内部进行清理。

3.5　分析钳牙咬合不紧、打滑的原因。

3.5.1　检查钳牙内是否有杂物。如有则使用钢丝刷、清洁油和棉纱对钳牙进行清理，清理完毕后将钳牙装入牙板槽，将挡块装上。

3.5.2　钳牙磨损严重时应进行更换：打开电源，启动油泵；手柄置于慢挡，将行星爪置于中位；关闭油泵，卸去钳牙挡块，逐个取出钳牙使用钢丝刷清理牙板槽中油污；将新钳牙装入牙板槽；将挡块装上。

3.6　故障排除后，开机检验效果。

4　操作要点

4.1　钳牙有无损伤、磨平现象。使用钢丝刷清洁钳牙后，使用三角锉对有磨平现象的钳牙进行修整。

4.2　更换钳牙时，严禁使用钝器敲击钳牙或者牙板槽，防止钳牙或者牙板槽变形。

4.3　更换摩擦片时应将杂质清理干净。

4.4　更换配件时，新配件应与原件型号、材质相同。

4.5　安装制动盘螺栓时，要边调整边压紧，禁止一步到位全部压紧，防止摩擦片抱死导致行星爪无法灵活运动。

4.6　故障排除后，液压拧扣机应运转正常。

5　安全注意事项

5.1　规范穿戴劳保用品。

5.2　维修时禁止带电、带压操作，操作时必须指定专人负责现场监护。

5.3　判断油温时，要观察油箱温度计。禁止用手触碰油箱或油箱内的油，以防烫伤。

5.4　禁止不戴手套拆卸摩擦片，以防摩擦片毛刺割伤。

5.5　使用毛刷清理摩擦片及压盖上的碎屑时，动作应轻缓。按要求佩戴护目镜，以防杂质进入眼睛。禁止徒手操作、用嘴或者使用其他鼓风设备吹拭碎屑。

5.6　涉油操作，应采取防渗或者可回收措施，禁止发生环境污染事故。

5.7　在拆卸较大配件时，如电机、液压马达等，应两人或者多人配合操作。

6　应急事故预防及处置

6.1　操作时发生挤伤、碰伤、烫伤，应立即停止操作，视情况处理，严重时送医医治。

6.2　如碎屑刺伤、脏物进入眼睛，要立即停止操作，及时进行处理。

项目二　油管试压机故障排除

1　项目简介

油管试压是油管检修的关键性环节，正确分析判断油管试压机故障，并对故障及时进行排除，能有效提高油管检修效率和质量。

2　操作前准备

2.1　穿戴整齐劳保用品。主要包括防静电工服、防静电工鞋、防油手套、安全帽。

2.2　准备工用具和材料：

榔头 1 把、卡簧钳 1 套、450mm 管钳 1 把、梅花扳手 1 套、500mm 撬杠 2 把、铜棒 1 根、润滑脂若干、棉纱若干。

3　操作步骤

3.1　分析试压泵出口压力上不去的原因。

3.1.1　检查安全阀及各连接部分是否有泄漏，若有则调整或更换阀芯、阀座，紧固连接部位。

3.1.2　检查柱塞密封处是否有泄漏，如有则调整压紧螺套。

3.1.3　检查泄压阀，如关闭不严，则更换阀球、阀座。

3.1.4　检查进出水阀是否泄漏，如有则拆下阀座和进水阀，研磨阀座和进水阀。若不能修复，更换新的阀座和进水阀。

3.2　分析试压泵打压停止后不能保压的原因。

3.2.1　检查各连接管路是否有漏失。如有则进行调整、紧固。

3.2.2　检查单向阀组是否泄漏，如有则更换阀球、阀座。

3.2.3　检查泄压阀组是否泄漏，如有则更换阀球、阀座。

3.3　分析试压泵流量不足或压力波动太大的原因。

3.3.1　检查吸入管有无堵塞现象，如有则清除滤网堵塞物。

3.3.2　检查水箱水位，如供水不足，打开供水阀加大供水量。

3.4　分析试压时出现油管丝扣刺漏及造扣现象的原因。

3.4.1　检查试压机行走轮、轴及轴承，如有磨损，则更换行走轮、轴及轴承。

3.4.2　检查试压机导轨，如有磨损，则调整导轨高度，修补或更换导轨。

3.5　故障排除后，开机检验效果。

4　操作要点

4.1　柱塞密封多次调整无余量后，应更换新的密封填料。

4.2　更换的试压机配件规格、型号应配套。

4.2　拆卸试压泵部件时，应泄压后进行。

4.3　故障排除后，试压机应运转正常。

5　安全注意事项

5.1　规范穿戴劳保用品。

5.2　维修时禁止带电、带压操作，操作时必须指定专人负责现场监护。

5.3　试压泵和管线应有防护装备，操作中应特别注意管端接头破坏后伤人，严禁非操作人员进入试压场地。

5.4　涉油操作，应采取防渗或可回收措施，避免发生环境污染事故。

5.5　在拆卸较大配件时，如电机、阀组等，应两人或者多人配合操作。

6　应急事故预防及处置

6.1　检修操作时发生挤伤、碰伤，应立即停止操作，及时处理，严重时送医医治。

6.2　启泵送电、停泵断电时，若发生触电伤害，应立刻拉闸断电，使触电者脱离电源，移至通风的地方，判断有无心跳和呼吸，采取胸外按压和人工呼吸法进行抢救，拨打急救电话。

项目三　气路故障的排除

1　项目简介

油管(杆)检修工艺中很多机械动作是以压缩空气作为动力，驱动气动元件来完成。气路主要由3部分组成：压缩空气气源、输气管网系统(管道、阀门、连接件)和气动元件。气动元件主要包括：气动三联件、电磁换向阀、气缸。

了解气路各部件名称，准确判断和排除气路故障。对提高生产效率和设备利用率具有重要意义，是油管(杆)修复工的重要技能。

2　操作前准备

2.1　穿戴整齐劳保用品。主要包括防静电工服、防静电工鞋、防油手套、安全帽、护目镜。

2.2　准备工用具和材料：

主要包括：活络扳手1把、内六方扳手1套、平口螺丝刀1把、棉纱适量、清洁油(剂)、润滑油适量。

3　操作步骤

3.1　排除压缩空气输气管网故障。

3.1.1　检查系统压力表是否有气压显示。

3.1.2　系统压力低时，检查输气管网是否存在管道堵塞、穿孔、阀门损坏或者连接件密封不严等现象。

3.2　排除气动三联件(图4-15)故障。

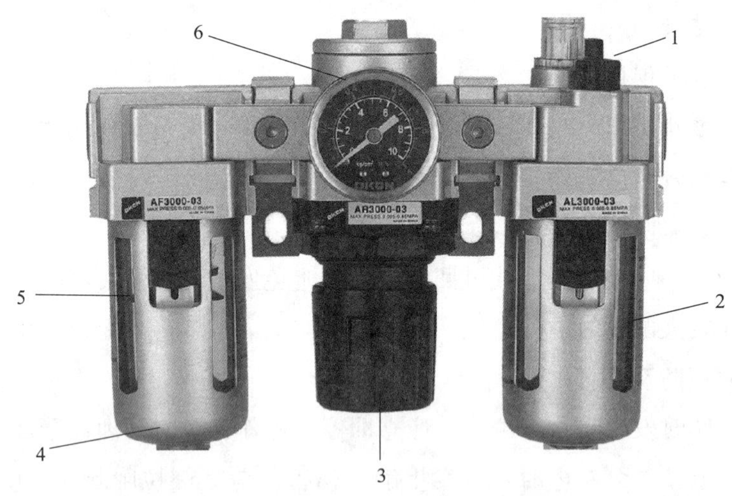

图4-15　气动三联件实物图

1—油调解旋钮；2—油雾器；3—调节阀；4—排水阀；5—过滤器；6—压力表

3.2.1　检查压力表是否有气压显示，工作压力应不低于0.4MPa，如压力低，则逆时针旋动调节阀进行升压调节，直至达到正常工作压力。

3.2.2　检查气动三联件过滤器。

(1)检查罩杯，应无破损、无裂缝，如有异常更换罩杯。

(2)检查过滤器滤芯，如发现堵塞，则使用清洁油(剂)清洗滤芯。

(3)检查过滤器排水阀，如过滤器内存水过多，不能自动排水时，应手动排水；有漏气则更换排水阀。

3.2.3　排除气动三联件减压阀故障。

(1)检查减压阀外部阀盖，如有漏气则拧紧阀盖或者更换密封圈。

(2)检查减压阀出口侧压力，如压力过低，则用清洁油清洗阀芯或者更换减压阀。

3.2.4　排除气动三联件油雾器故障。

(1)检查油雾器无滴油、无油雾输出，则更换油雾器。

(2)检查油雾器与阀体连接处有无漏气情况，如有则更换密封圈。

3.3　排除电磁换向阀(图4-16，以二位五通阀为例)故障。

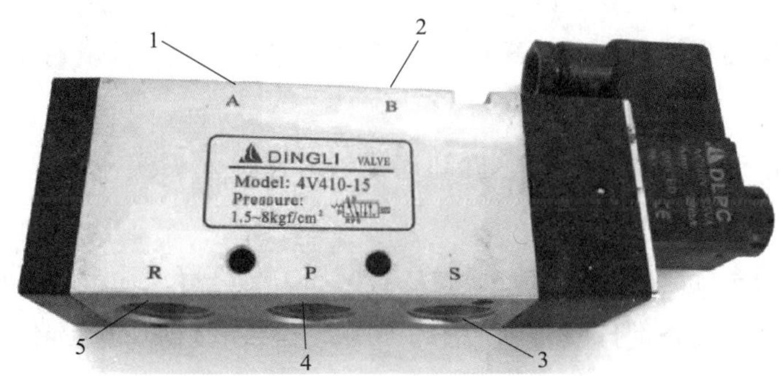

图4-16　二位五通电磁换向阀例图

1—出气孔；2—出气孔；3—排气孔；4—进气孔；5—排气孔

3.3.1　电磁换向阀漏气或者通口间串气。检查阀体密封垫和阀芯，对阀体密封垫进行更换；对阀芯进行清洗或者更换。

3.3.2　阀芯不换向。

(1)带电情况下，按动电磁阀电路控制按钮后电磁换向阀无动作，则拨动电磁换向阀的手动按钮，若正常换向则判定电磁线圈损坏，更换电磁线圈即可。

(2)若拨动电磁换向阀的手动按钮出现不换向情况，则拆检电磁阀阀体部分，用棉纱和清洁油清理阀体内部及阀芯处的污物；检查阀体内部密封圈是否完好，出现破损、裂纹、变形等问题时应更换。

3.4　排除气缸故障(图4-17，以SC气缸为例)。

按动电磁阀控制按钮，气缸动作慢或无动作，检查气缸是否存在串气、漏气现象。有问题进行气缸检修，气缸检修技能参照本单元模块二中的项目二　气缸的保养与检修。

3.5　气路故障排除后进行检验。

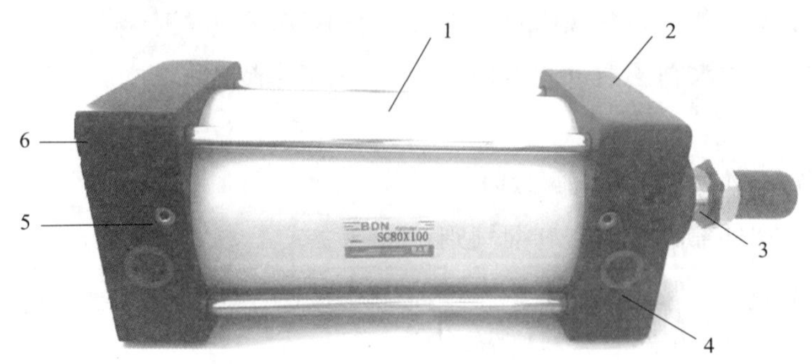

图 4－17　气缸例图

1—缸筒；2—上压盖；3—气缸推杆；4—气孔；5—缓冲调节螺栓；6—下压盖

4　操作要点

4.1　系统压力不应低于 0.4MPa。

4.2　输气管道出现堵塞应及时疏通；管道穿孔应安排专业人员对穿孔部位进行补漏，必要时更换管道。

4.3　输气管网连接件密封不严，拆卸连接件对连接处更换密封垫、密封圈等，进行密封处理。

4.4　输气管网系统故障排除时，要确认管网压力全部释放后方可开展维修。

4.5　更换气动元件各部件时，须使用相同规格型号和材质的零部件。

4.6　清洗滤芯、阀芯等零件，应使用中性清洗剂。

4.7　拆卸、更换气动三联件过滤器、油雾器的玻璃材质的罩杯时，动作幅度要小，严禁敲击。

4.8　故障排除后气路应运转正常。

5　安全注意事项

5.1　规范穿戴劳保用品。

5.2　检修气路故障时，如需拆卸或更换配件，应切断电源、气源，放空压力后方可操作。

5.3　涉及电路时，要安排专业人员进行检修，严格执行电工安全作业标准。

6　应急事故预防及处置

6.1　检修时不按要求泄压，被喷射出的锈渣、砂粒、水等杂质击伤，应立即用清水清洗伤处。严重时送医医治。

6.2　检修时操作不慎，被工用具、零件砸伤、挤伤、割伤。轻者现场处理，严重时送医医治。

6.3　若发生触电伤害，应立刻拉闸断电，使触电者脱离电源，移至通风的地方，判断有无心跳和呼吸，采取胸外按压和人工呼吸法进行抢救，拨打急救电话。

单元五　工用具的使用

油管(杆)检修、设备维护工作，需要使用到各种工用具。因此，操作工人应熟练掌握工用具的正确使用方法。

模块一　常用工用具的使用

项目一　管钳的正确使用

1　项目简介

管钳是用于紧固或拆卸金属管或其他圆柱形零件的工具，按结构分为张开式和链条式，是管件连接、安装、修理工作常用的工具。油管(杆)检修主要使用张开式管钳。

掌握管钳的规格、用途及使用方法，能正确使用管钳拆装工件。

2　操作前准备

2.1　穿戴整齐劳保用品。主要包括防静电工服、防静电工鞋、防油手套、安全帽、护目镜。

2.2　准备工用具和材料：

钢丝刷1把、台虎钳1台、2⅞in油管1根、900mm管钳1把、棉纱若干。

3　操作步骤

3.1　用钢丝刷清理油管表面杂物，用棉纱擦拭干净。

3.2　根据油管的直径，选择合适的管钳(表5－1)。

表5－1　常用管钳规格、尺寸

规格/mm/in	150/6	200/8	250/10	300/12	350/14	450/18	600/24	900/36	1200/48
全长/mm	150	200	250	300	350	450	600	900	1200
最大夹持管径/mm	20	25	30	40	50	60	70	80	100

3.3 清洁管钳钳牙及表面，检查管钳固定钳口架是否牢固，管钳钳柄、活动钳口、固定钳口有无裂痕，钳牙有无损伤。如图 5－1 所示。

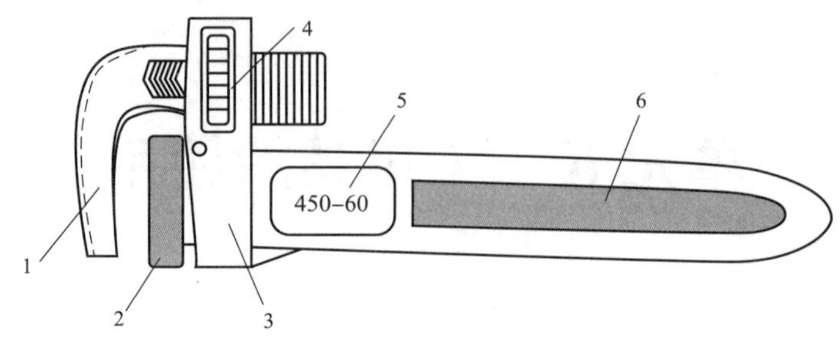

图 5－1 张开式管钳结构图

1—活动钳口；2—固定钳口；3—固定钳口架；4—开口调节环；5—尺寸标注；6—管钳把

3.4 用台虎钳夹紧油管，留出适当的长度。

3.5 调节管钳开口。

3.6 将管钳卡在油管接箍上。

3.7 站位调整。

3.8 右手握住手柄用力，当下压快到最低位置时，右手五指松开靠掌心用力压至最低位置，然后右手上提手柄的同时，左手握住活动板口使其钳口不致滑脱。当手柄抬至胸前时，往复数次完成接箍拆卸，如图 5－2 所示。

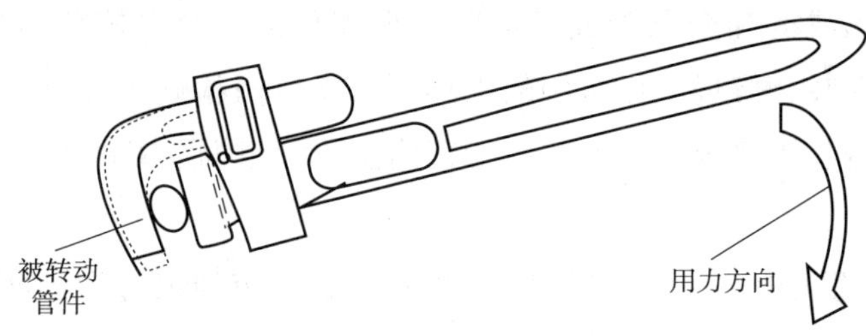

图 5－2 管钳的使用示意图

3.9 将管钳取下擦拭干净，涂抹润滑油。

3.10 整理工具，清理现场。

4 操作要点

4.1 钳口夹持方向与手柄旋转方向一致。

4.2 使用管钳时，两手动作应协调，松紧应合适。

4.3 调节管钳开口时，左手搭管钳，手避开钳牙，右手握住管钳柄，左手转动调节环，使钳口张开距离大于所夹持油管接箍直径 1 ~2mm。

4.4 使用管钳时，两腿分开与肩同宽，左手稍压钳头，保证钳牙夹持油管接箍不致打滑。

4.5 规格在 600mm 以下的管钳，严禁使用加力管。600mm 以上的管钳若需用加力管，其管长只能为钳柄长度的0.5倍。

5　安全注意事项

5.1　规范穿戴劳保用品。

5.2　使用管钳过程中，左手不能触碰钳牙，防止发生挤伤手指。

5.3　严禁将管钳柄当撬杠、榔头使用。

5.4　管钳任何部位有裂纹、损伤，固定销钉不牢固不得使用。

5.5　下压钳柄时，应防止压伤手指或碰伤腿部。

6　应急事故预防及处置

操作管钳时，出现被砸伤、挤伤的情况，轻者现场处理，严重时送医医治。

项目二　游标卡尺的正确使用

1　项目简介

掌握常用游标卡尺结构、用途、工作原理、精度、测量方法和数值读取，能够正确使用游标卡尺，准确测量工件，能更好地满足修复线生产、维修需要。

2　操作前准备

2.1　穿戴整齐劳保用品。主要包括防静电工服、防静电工鞋、防油手套、工帽。

2.2　准备工用具和材料：

游标卡尺(精度0.02mm)1把、记录笔1支、空白报告单1张、备测工件1个、机油适量、毛巾纱适量、棉纱适量。

3　操作步骤

3.1　清洁游标卡尺主尺、游标和量爪。

3.2　以Ⅰ型游标卡尺为例，如图5-3所示，结构主要由主尺和附在主尺上能滑动的游标两部分构成。主尺和游标上有两副活动量爪，分别是内测量爪和外测量爪，游标上还有紧固螺钉和微调部分。

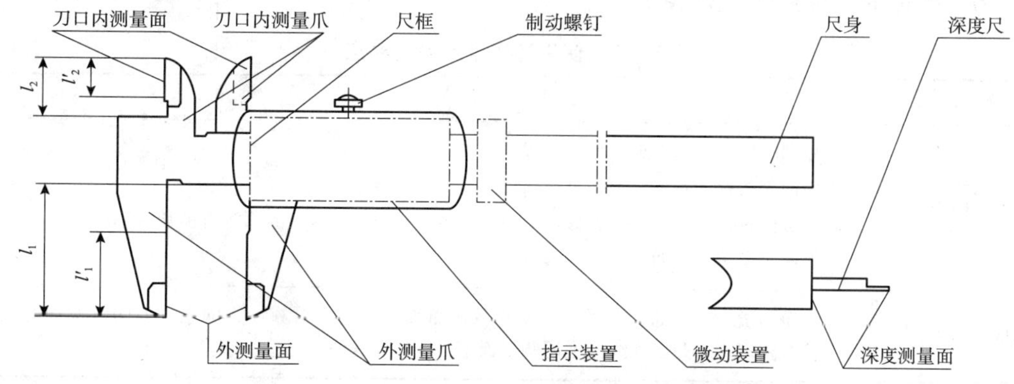

图5-3　Ⅰ型游标卡尺结构(不带台阶测量面)

3.3　了解Ⅰ型游标卡尺的用途。

3.4　掌握游标卡尺工作原理。

3.5　掌握游标卡尺精度等级。

3.6　游标卡尺使用前，进行外观、量爪检查，校对零位。

3.7　使用游标卡尺测量工件。

3.8　在游标卡尺上读取数值，并记录。

3.9　使用完毕后，清洁、保养游标卡尺。

3.10　清理现场。

4　操作要点

4.1　游标卡尺应保证干净无杂质。

4.2　游标卡尺的作用：作为一种被广泛使用的高精度测量工具，它是刻线直尺的延伸和拓展，可以用于测量内、外径和深度，应用广泛。

4.3　Ⅰ型游标卡尺分带深度尺和不带深度尺两种；若带深度尺，测量范围上限不宜超过300mm。

4.4　游标卡尺工作原理：游标卡尺尺身和游标都有量爪，利用内测量爪可以测量槽的宽度和管的内径，利用外测量爪可以测量零件的厚度和管的外径。深度尺与游标尺连在一起，可以测槽和筒的深度。

4.5　常用游标卡尺精度。

4.5.1　游标卡尺主尺一般以mm为单位，精度主要有3种：0.1mm、0.05mm和0.02mm。而游标上则有10个、20个或50个分格，根据分格的不同，游标卡尺可分为十分度游标卡尺、二十分度游标卡尺、五十分度游标卡尺。

4.5.2　精度为0.02mm的游标卡尺的游标上有50个等分刻度，总长为49mm，测量时如游标上第11根刻度线与主尺对齐，则小数部分的读数为：11/50 = 0.22mm；如第12根刻度线与主尺对齐，则小数部分读数为：12/50 = 0.24mm。

4.6　游标卡尺检查要点见表5－2。

表5－2　使用游标卡尺检查要点

项　目	要　求
外观检查	卡尺刻度线和数字清晰； 无锈蚀、磕碰、断裂、划伤等缺陷； 轻推游标时，游标在尺身上移动平稳，无阻滞或松动现象，紧固螺钉锁紧可靠； 测量面无毛刺、无缺损，手感光滑
量爪间隙检查	擦干净两量爪测量面，然后将外量爪两测量面合并对光观察，无漏光，说明测量面完全贴合，符合要求。若漏出光线，说明测量面不平行，需送修

续表

项　目	要　求
校对零位	量爪面紧密接触后，观察游标上的零刻度线和主尺上的零刻度线是否对齐，若不对齐，游标的零刻度线在尺身零刻度线右侧显示的数值叫正零误差，在尺身零刻度线左侧显示的数值叫负零误差

4.7　游标卡尺使用要点。

4.7.1　测量时，右手拿住尺身，大拇指移动游标，左手拿待测外径(或内径)的物体，使待测物位于测量爪之间。当测量零件的外尺寸时，卡尺两测量面的连线应垂直于被测量表面，不能歪斜。不应过分施加压力，如图5－4所示。

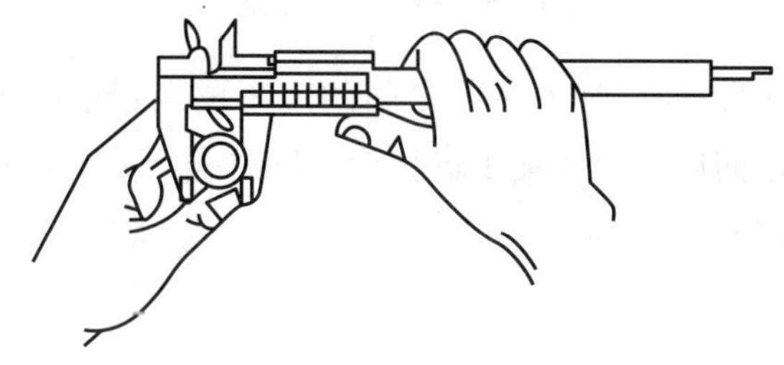

图5－4　游标卡尺使用方法

4.7.2　使用游标卡尺测量时，不应只用量爪尖部的测量面进行测量，如图5－5所示。

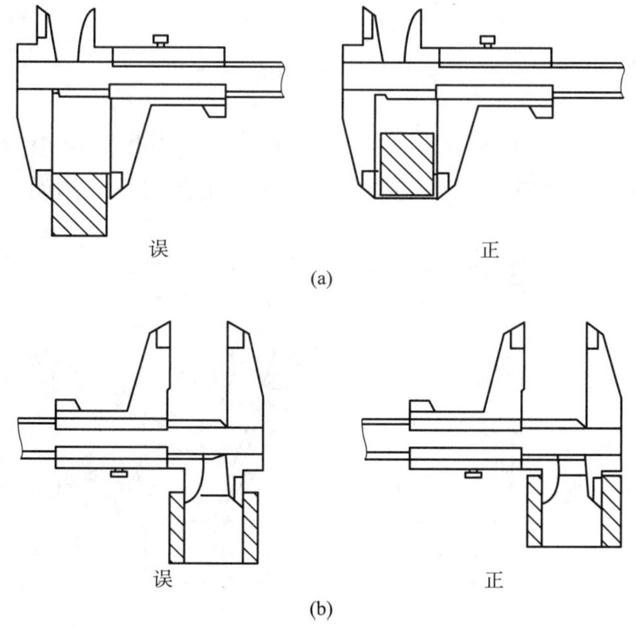

图5－5　量爪使用要点

4.7.3　测量外尺寸时，应先将外量爪之间的距离调整到大于被测尺寸，然后轻推游标，使外测量爪接触到测量面后，拇指加少许推力，同时轻轻摆动卡尺找到最小尺寸点，锁紧紧固螺钉再读数，如图5－6所示。

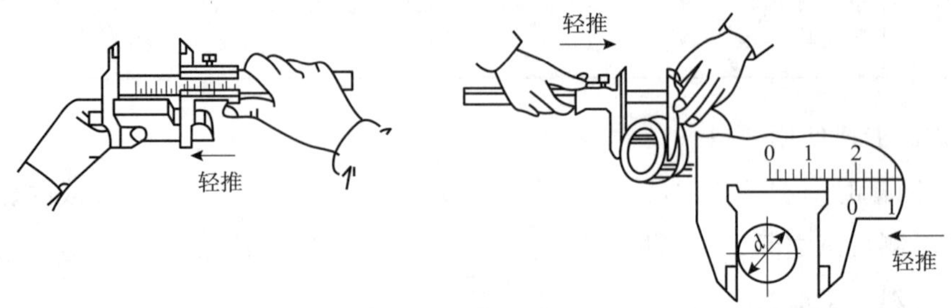

图5－6　测量外尺寸要点

4.7.4　测量内尺寸时，应先将内量爪之间的距离调整到小于被测尺寸，然后轻拉游标，使内量爪接触到测量面后，拇指加少许拉力，同时轻轻摆动卡尺找到最大尺寸点，锁紧紧固螺钉再读数，如图5－7所示。

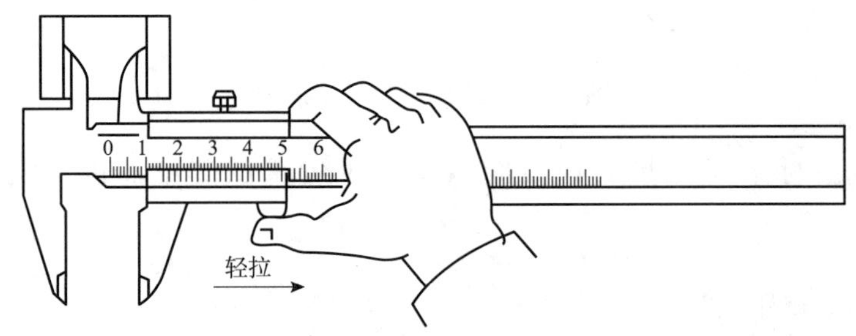

图5－7　测量内径尺寸

4.7.5　测量深度时，保持深度尺与凹槽端面垂直，卡尺尺身不得倾斜，为避免凹槽圆角对测量结果影响，应将深度尺下端缺口一面紧靠被测工件之侧面。如图5－8所示。

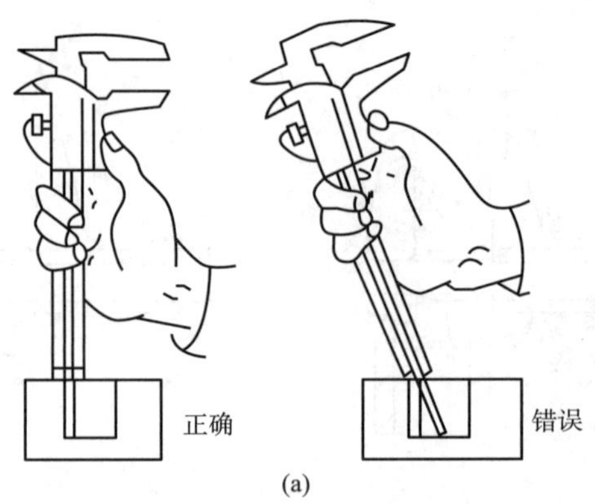

图5－8　测量深度尺寸要领

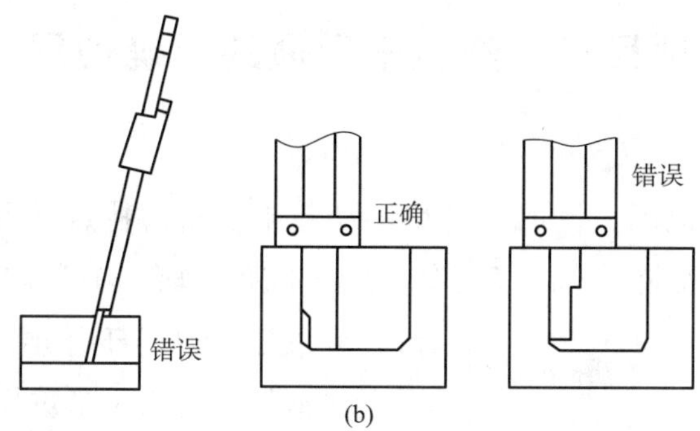

图 5－8　测量深度尺寸要领(续)

4.8　读数要点。

4.8.1　卡尺应保持水平，朝着亮光方向，视线应和卡尺的刻线表面垂直。

4.8.2　以游标零刻度线为准，在尺身上读取以 mm 为单位的整数部分。然后看游标上第几条刻度线与尺身的刻度线对齐，读出小数部分。

4.8.3　记录数值：L = 整数部分 + 小数部分 − 零误差，单位为 mm。

举例：如图 5－9 所示。

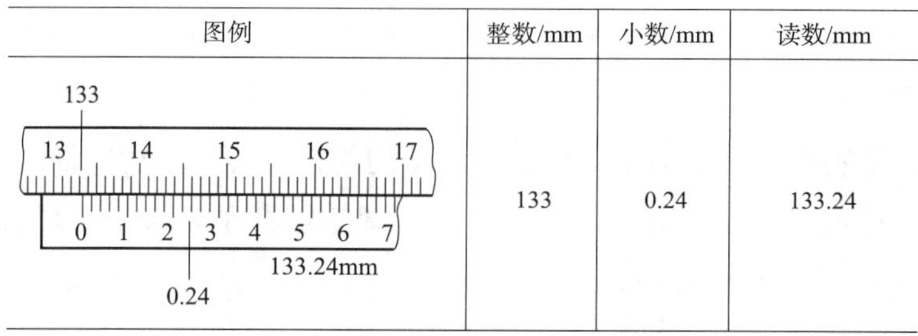

图例	整数/mm	小数/mm	读数/mm
	133	0.24	133.24

图 5－9　游标卡尺数值读取示例图

4.9　游标卡尺使用完毕，用毛巾纱擦拭干净；长期不用时应涂抹润滑油，两量爪合拢并拧紧紧固螺钉，放入卡尺盒内保存。

5　安全注意事项

5.1　规范穿戴劳保用品。

5.2　测量时，待测物和游标卡尺要轻拿轻放，避免掉落伤人。

6　应急事故预防及处置

如出现砸伤，立即停止操作，及时进行处理。

项目三　液压千斤顶的正确使用

1　项目简介

千斤顶是一种使用范围广泛的轻小型手动起重设备，特点是灵活、机动、轻巧、方便，可用于设备维修、安装、支撑等工作。普通千斤顶按结构可分为齿条千斤顶、螺旋千斤顶和液压(油压)千斤顶3种，常用液压千斤顶是利用液体压力来顶举重物的。

图5-10　立式液压千斤顶

液压千斤顶规格，按其最大起重量主要有3t、5t、8t、10t、12t、16t、20t、32t、50t、100t。本项目以立式液压千斤顶为例，讲述千斤顶的正确使用方法，如图5-10所示。

2　操作前准备

2.1　穿戴整齐劳保用品。主要包括防静电工服、防静电工鞋、防油手套、安全帽。

2.2　准备工用具和材料：

钢丝刷1把、10t千斤顶1台、垫木1块、支撑架2个、900mm管钳1把、棉纱若干。

3　操作步骤

3.1　根据起重物选择合适的千斤顶，千斤顶的规格应是起重物质量的1.5倍及以上。

3.2　检查千斤顶液压缸内液压油是否充足。调整螺杆是否调节灵活，零负荷时，千斤顶活塞是否升降灵活(图5-11)。

图5-11　液压千斤顶结构图

1—调整螺杆；2—活塞；3—液压缸；4—打压泵；5—泄压阀

3.3　打开泄压阀，使千斤顶活塞降到最低位置。

3.4　起重物底面应垫平，同时要考虑地面软硬条件是否要衬垫坚韧的垫木，放置平稳，以免负重下陷或倾斜。

3.5　将千斤顶放置在垫木上，调整平衡。

3.6　千斤顶起升。

3.6.1　用手柄的开槽端，插入泄压阀十字头顺时针旋紧，关闭泄压阀。

3.6.2　观察起重物，确定起重物的重心，选择着力点，正确放置于起升部位下方。如需要，将千斤顶的调整螺杆逆时针旋转，直到其接触起重物。

3.6.3　将千斤顶手柄插入手柄套管中，上下缓慢压动手柄，利用打压泵开始打压。顶起过程观察起重物的平衡及支撑点的稳定度，避免千斤顶剧烈振动，直至将起重物顶到理想的高度。

3.6.4　顶起后，在起重物和地面之间垫入支撑架。

3.7　千斤顶下降。

3.7.1　将手柄从手柄套管中拿出，插入泄压阀头，逆时针转动手柄，放松泄压阀。

3.7.2　千斤顶活塞回落，撤出千斤顶。

3.8　活塞、螺杆降至最低点，清洁千斤顶，并放回原处。

3.9　整理工具，清理现场。

4　操作要点

4.1　示例千斤顶只适于直立使用，不能侧置或倒向使用。

4.2　千斤顶的基础应平稳、坚实、可靠。

4.3　在千斤顶放置过程中，应保持起重物重心作用线与千斤顶轴线一致。

4.4　千斤顶的顶升高度应不超过有效顶程，操作时，应先将起重物稍微顶起一些，仔细检查无异常后，再继续顶重物。

4.5　千斤顶卸载时，手柄转动不能太快，只需稍微开启泄压阀，使其缓慢下放，不能突然下降，以免损坏千斤顶。

5　安全注意事项

5.1　规范穿戴劳保用品。

5.2　估计起重量，严禁超载使用。

5.3　千斤顶的位置应放正，不能倾斜，防止千斤顶倾斜或翻倒。

5.4　千斤顶升至一定高度后，必须在重物下垫以支撑架，防止突然下降，发生事故。

5.5　千斤顶不可作为永久支撑。

6　应急事故预防及处置

千斤顶作业施工中，操作不当倾倒砸伤人，将受伤人员转移至安全地带，检查受伤情况，初步实施止血、包扎，若伤势严重，拨打急救电话，等待急救人员救援。

项目四　台钻的正确使用

1　项目简介

台式钻床简称台钻，是一种体积小巧，操作简便，通常安装在专用工作平台上使用的小型钻孔机床，如图5－12所示。主要用于各种材料工件的钻孔、扩孔、攻丝等作业。熟悉台钻的主要用途和掌握台钻的使用方法是油管杆修复工的必备技能。

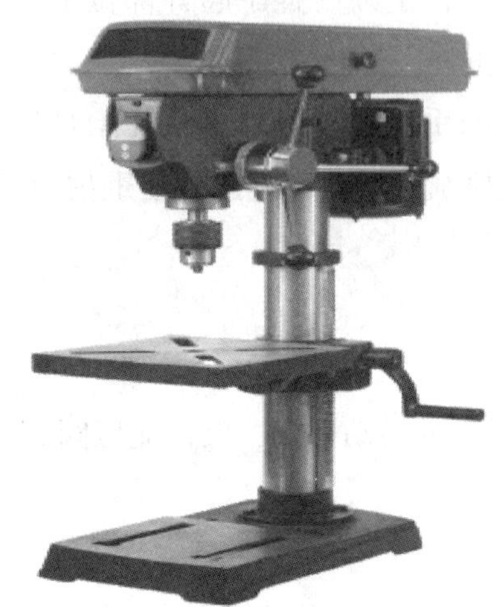

图5－12　常用台钻外形

2　操作前准备

2.1　穿戴整齐劳保用品。主要包括防静电工服、防静电工鞋、安全帽(工帽)。

2.2　准备工用具和材料：

台钻1台(带虎钳)、划针1只、样冲1只、榔头1把、钻头1套、毛刷1把、钢直尺1把、100mm×150mm钢板1块、冷却液适量。

3　操作步骤

3.1　开机前，检查台钻连接电线有无裸露、龟裂现象；检查台钻接地线是否安全有效；检查操作按钮、手柄是否灵活可靠。清洁台钻外露滑动面及工作台面。

3.2　合上电源总闸、开启台钻，不带钻头试运转台钻，检查台钻是否有异响；检查完关掉台钻控制开关，断开电源。

3.3　按孔位的位置要求，使用钢直尺与划针配合，在钢板上划出十字中心线，并用样冲冲孔。

3.4　根据钻孔大小选择合适的钻头。

3.5　将钻头柄塞入钻夹头的卡爪内，其夹持长度不能小于15mm，用专用钥匙旋紧。

3.6　调整工作台，使工件中心孔与钻头中心重合后，将工件固定牢固。

3.7　开启台钻控制开关，缓慢压下摇臂，先使钻头对准中心孔起钻一浅坑，观察钻孔位置是否正确，并不断校正。

3.8　起钻达到钻孔位置要求后，即可下压摇臂钻孔。在钻孔深度达到直径的3倍时，要退钻排屑。

3.9　为使钻头散热冷却，减少摩擦，钻孔期间不时浇注冷却液。

3.10　钻孔将穿时，应减少进给力，防止进给力过大，增大切削抗力，造成钻头损坏。

3.11　钻孔完成，停止台钻运转，取下钻头和工件。

3.12　用毛刷清理台钻和台虎钳台面。

3.13　整理工具，清理现场。

4　操作要点

4.1　钻孔前应先用夹具夹紧工件，并固定牢靠，再安装钻头，保证钻头同轴旋转，以防偏摆。

4.2　更换钻头时，严禁用铁质器具敲打钻夹头，应用专用的钥匙夹紧钻夹头。

4.3　使用台钻过程中，工作台面应保持清洁。

4.4　钻孔时，钻杆下降的速度要缓、慢、轻、柔。当孔即将钻透时，应减少进给量，防止钻头断裂伤人。

4.5　清理铁屑时，应停止台钻，及时用毛刷或者小钩子进行清理。

4.6　操作完毕，应将台钻外露滑动面及工作台面擦干净，并对各滑动面及各注油孔加注润滑油。

5　安全注意事项

5.1　规范穿戴劳保用品。

5.2　操作台钻时不应戴手套，袖口应扎紧；长头发应将长发盘进工作帽内，防止发生绞伤事故。

5.3　操作时应集中精力。

5.4　钻孔有切屑时不应用手或嘴吹的方式来清除，避免划伤或铁屑飞入眼睛。

5.5　操作者的头部不能与旋转的主轴靠得太近，停车时应让主轴自然停止，不应用手去制动，也不应反转制动。

5.6　严禁在开车状态下拆装工件，台钻未停稳时，不应用手抓钻头、钻头夹或钻床主轴。

6　应急事故预防及处置

6.1　台钻作业施工中，铁屑飞出伤人或发生绞伤碰伤事故，应及时将受伤人员转移至安全地带，检查受伤情况，有针对性地采取止血、包扎等临时性应急措施，严重时送医医治。

6.2　若发生触电伤害，应立刻拉闸断电，使触电者脱离电源，移至通风的地方，判断有无心跳和呼吸，采取胸外按压和人工呼吸法进行抢救，拨打急救电话。

项目五　内外卡钳的正确使用

1　项目简介

内外卡钳是间接测量的简单量具。应与钢直尺或其他带有刻度值的量具配合使用，测量工件的外形尺寸和内部尺寸。

卡钳分内卡钳和外卡钳两种。外卡钳是用来测量工件的外径和平面尺寸，内卡钳是用来测量工件的内径和凹槽尺寸(图5－13)。

掌握内、外卡钳的用途、工作原理、测量方法和数值读取，能更好地正确使用工具，满足修复线生产、维修需要。

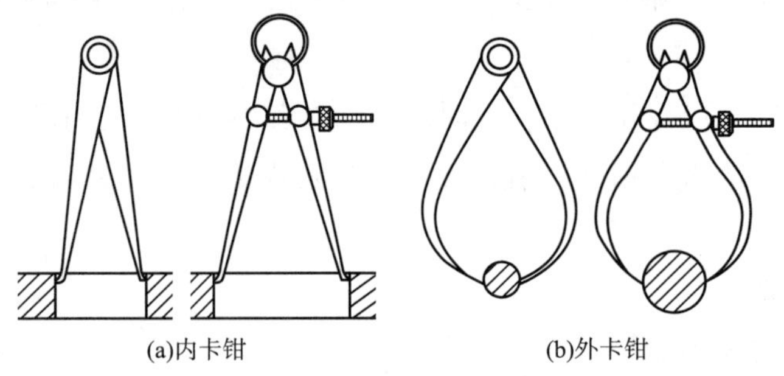

图5－13　内、外卡钳

2　操作前准备

2.1　穿戴整齐劳保用品。主要包括防静电工服、防静电绝缘鞋、手套、安全帽。

2.2　准备工用具和材料：

内、外卡钳各1把、钢直尺1把、空白报告单1张、记录笔1支、棉纱适量、工件1件。

2.3　清洁内、外卡钳及钢直尺，使之干净无杂质。

2.4　检查内、外卡钳、钢直尺有无变形；卡钳张合是否灵活；钢直尺刻度线是否清晰。

3　操作步骤

3.1　检查内、外卡钳钳口形状。

3.2　调节卡钳开口度。

3.3　使用外卡钳测量工件，与钢直尺配合读取数值。

3.4　使用内卡钳测量工件，与钢直尺配合读取数值。

3.5　记录数据，填写报告单。

3.6　整理工具，清理现场。

4　操作要点

4.1　卡钳钳口形状对测量精度影响很大，应经常修整钳口，如图 5 – 14 所示。

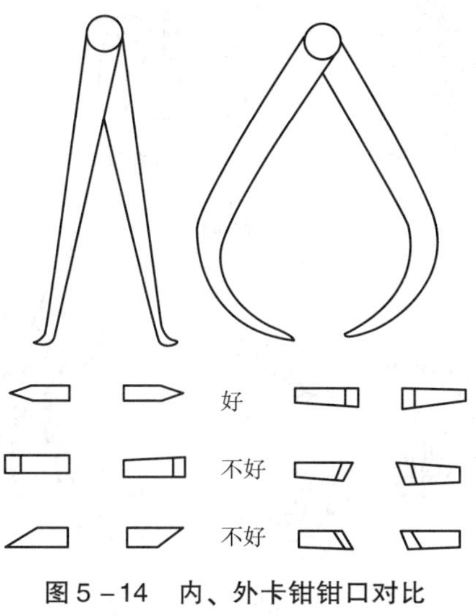

图 5 – 14　内、外卡钳钳口对比

4.2　卡钳开口度的调节。调节卡钳的开度时，应轻轻敲击卡钳脚的两侧面。先用两手把卡钳调整到和工件尺寸相近的开口，然后轻敲卡钳外侧来减小卡钳的开口，敲击卡钳内侧来增大卡钳的开口。如图 5 – 15 所示。

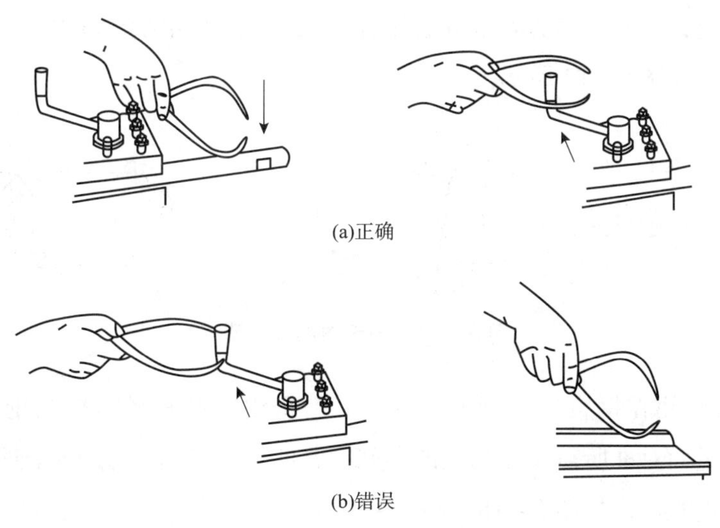

图 5 – 15　卡钳开口度的调节

4.3　用外卡钳测量外径时，要使两个测量面的连线垂直于工件的轴线，靠外卡钳的自重滑过工件外圆时，外卡钳与工件外圆正好是点接触，此时外卡钳两个测量面之间的距离，就是被测工件的外径。如图 5 – 16 所示。

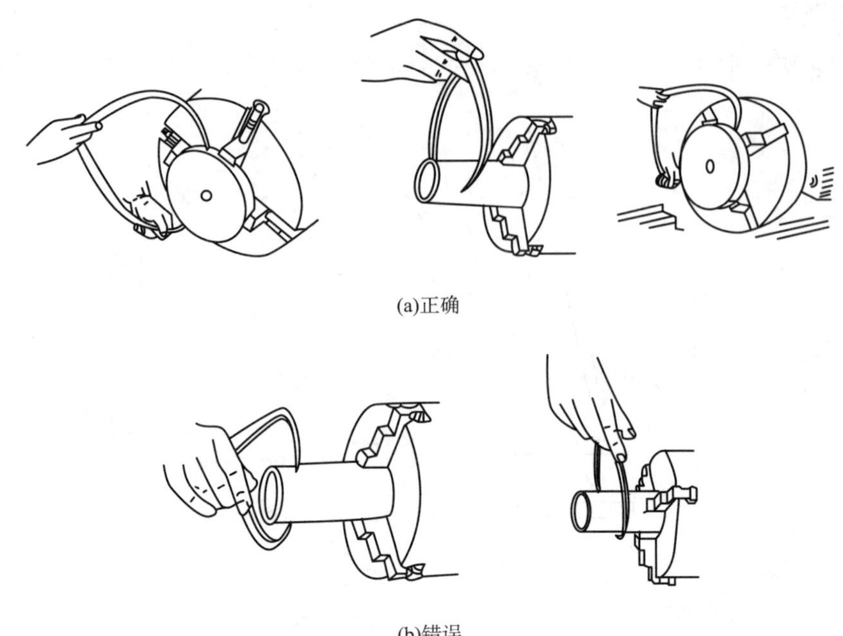

(a)正确

(b)错误

图 5－16　外卡钳测量方法

4.4　用内卡钳测量内径时，如内卡钳在孔内有较大的自由摆动时，表示卡钳尺寸比孔径小；如内卡钳放不进，或放进孔内后紧得不能自由摆动，表示内卡钳尺寸比孔径大，如内卡钳放入孔内，按照上述的测量方法能有 1～2mm 的自由摆动距离，这时孔径与内卡钳尺寸正好相等，如图 5－17 所示。

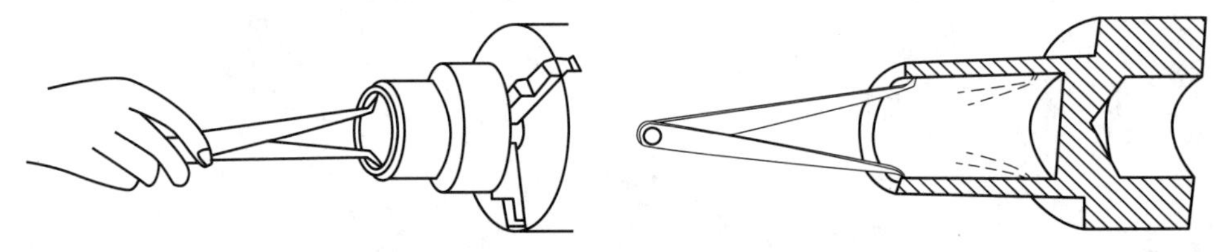

图 5－17　内卡钳测量方法

4.5　内、外卡钳在钢直尺上读取尺寸时，一个钳脚的测量面靠在钢直尺的端面上，另一个钳脚的测量面对准所需尺寸刻线的中间，且两个测量面的连线应与钢直尺平行，人的视线要垂直于钢直尺，如图 5－18、图 5－19 所示。

4.6　用卡钳测量圆筒的外径和内径时，要防止误将弦当作直径。数值应估读到毫米以下 1 位数字，求其平均值及厚度时也应同样处理数字的位数。

4.7　改变卡钳两脚尖之间的微小距离时，不要直接用手拉动。可把卡钳的某一脚在较硬的物体上轻轻敲动即可(增大间距，敲内侧；减小间距，敲外侧)。

4.8　从圆筒上取下卡钳时，应小心操作，不能用力和震动，以防两脚尖之间的距离发生改变而增大测量误差。

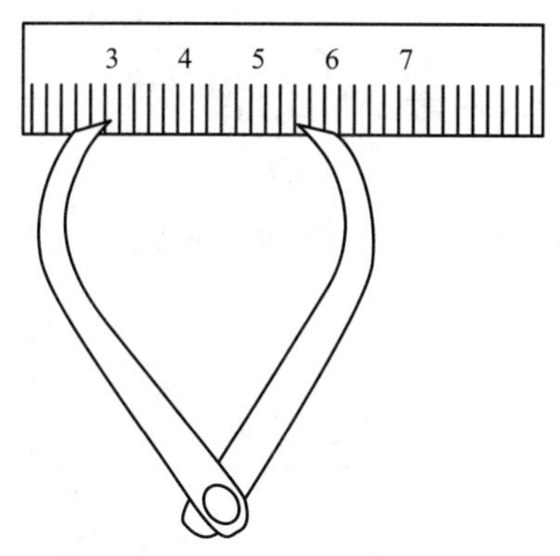

图 5－18　外卡钳在钢直尺上读取尺寸

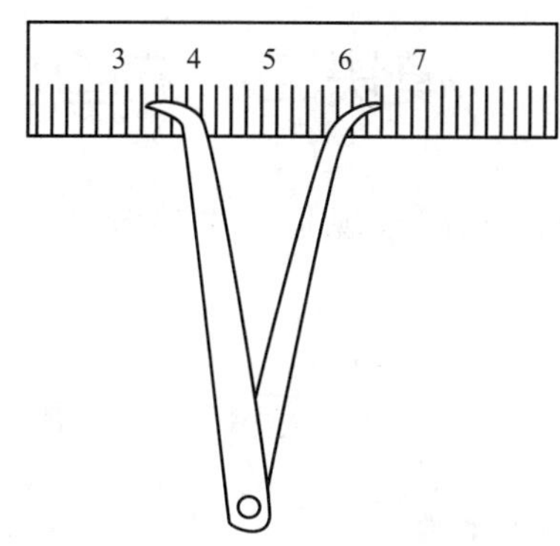

图 5－19　内卡钳在钢直尺上读取尺寸

4.9　测量应准确，误差不超过 ±0.5mm，每次操作重复 3 遍。

4.10　使用后将测量面擦拭干净，卡钳保养存放。

5　安全注意事项

5.1　规范穿戴劳保用品。

5.2　测量时，待测工件和内、外卡钳等工用具要轻拿轻放，避免掉落伤人。

6　应急事故预防及处置

如出现砸伤，立即停止操作，及时进行处理，严重时送医医治。

模块二　油管(杆)工作量规的使用

油管(杆)专用量规是用来检验油管、抽油杆内外螺纹指标，判断能否继续使用的工具。

项目一　油管工作量规的使用

1　项目简介

油管工作量规可用来检验油管外螺纹和接箍内螺纹。掌握油管工作量规的使用方法，可准确检验油管螺纹。

2　操作前准备

2.1　穿戴整齐劳保用品。主要包括防静电工服、防静电工鞋、防油手套、安全帽。

2.2　准备工用具和材料：

毛刷1把、毛巾纱适量、清洁油(剂)适量、油管外螺纹接头、接箍各一件、同等规格油管工作量规1套、橡皮锤1把、游标卡尺1把、空白报告单1张、润滑油适量。

3　操作步骤

3.1　清洁油管螺纹、接箍螺纹、量规内外表面，检查有无损伤。

3.2　检查塞规或环规，规格型号应与油管螺纹相对应，如图5－20、表5－3所示。

(a)环规

(b)塞规

图5－20　油管螺纹工作环规、塞规

表5－3　外加厚(不加厚)油管螺纹工作量规相关数据表

规格/in	牙数	锥度	牙形角
2⅜ TBG UPTBG	8(10)	1 : 16	60°
2⅞ TBG UPTBG	8(10)		
3½ TBG UPTBG	8(10)		

注：TBG是不加厚油管螺纹；UPTBG是外加厚油管螺纹。

3.3　工作环规、塞规分别旋进油管螺纹及接箍端。

3.4　用环规检验油管外螺纹。

3.5　用塞规检验接箍内螺纹。

3.6　填写检验报告。

3.7　清理场地，回收工具。

4　操作要点

4.1　工作量规使用要点。

4.1.1　在螺纹上均匀涂抹润滑油，以免损坏螺纹和量规。

4.1.2　将油管接头或接箍固定牢靠，以防移动。

4.1.3　量规与螺纹对中后，应使用合适的操纵杆旋紧。

4.1.4　量规旋合时，应顺时针方向慢慢摇动，上紧力应一致。

4.1.5　允许一边旋合，一边用橡皮锤轻轻敲击。

4.1.6　量规旋紧后，不应再用橡皮锤敲击。

4.2　外螺纹检验方法。

4.2.1　用游标卡尺测量油管螺纹端面到环规测量面的轴向距离，此值为紧密距数值。

4.2.2　油管外螺纹在用相应的工作环规检验时，油管螺纹端面与环规小端面之间的距离为 P_1 ± 相应扣数，（P_1 为工作环规对校对塞规互换紧密距值），如图 5－21 所示。

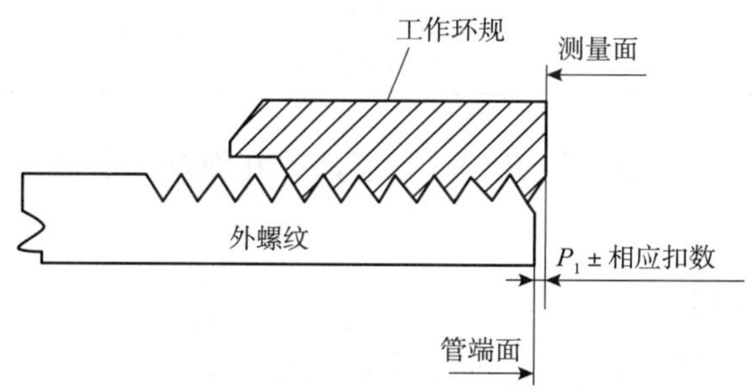

图 5－21　油管外螺纹紧密距测量

4.2.3　紧密距值符合标准，则产品符合要求，参照表 5－4。

表 5－4　油管对产品的公差表

（API 5B 套管、油管和管线管螺纹的加工、测量和检验规范）

规格/in	环规对外螺纹紧密距	塞规对内螺纹 $A+(S_1-S)$
8 牙油管	P_1 ±1 扣/（P_1 ±3.175mm）	$A+(S_1-S)$ ±1 扣/$A+(S_1-S)$ ±3.175mm
10 牙油管	P_1 ±1½扣/（P_1 ±3.810mm）	$A+(S_1-S)$ ±1½扣/$A+(S_1-S)$ ±3.810mm

4.3　内螺纹检验方法。

4.3.1　用游标卡尺测量油管接箍端面到工作塞规测量面的轴向距离，此值为紧密距数值。

4.3.2　油管接箍螺纹在用相应的工作塞规检验时，接箍端面与塞规测量槽内测量面之间的距离为 $A+(S_1-S)$ ±相应扣数，如图 5－22 所示。

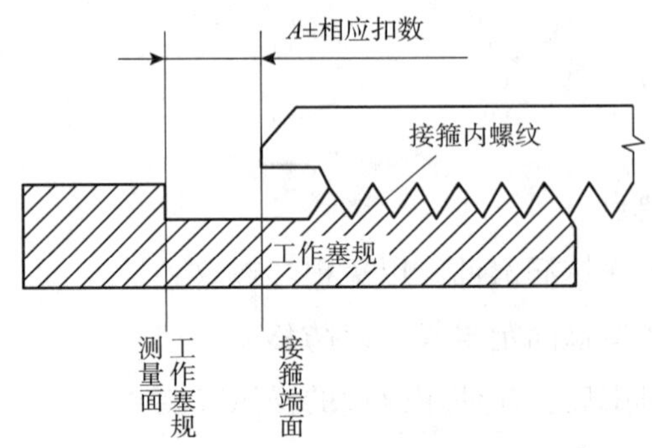

图 5－22　接箍内螺纹紧密距测量

4.3.3　紧密距值应符合标准，则产品符合要求，参照表 5－5。

表 5－5　油管螺纹 *A* 值表

（API 5B 套管、油管和管线管螺纹的加工、测量和检验规范）

类型	规格/in	*A* 值/mm
不加厚油管螺纹	$2\frac{3}{8}\sim3\frac{1}{2}$	5.08
	$4\sim4\frac{1}{2}$	6.35
加厚油管螺纹	$2\frac{3}{8}\sim4\frac{1}{2}$	6.35

4.4　使用完后，将工作量规旋出，进行清洁，并涂抹润滑油保养。

5　安全注意事项

5.1　规范穿戴劳保用品。

5.2　量规使用时，要轻拿轻放，避免掉落伤人。

6　应急事故预防及处置

如出现砸伤，立即停止操作，及时处理，严重时送医院处置。

项目二　抽油杆工作量规的使用

1　项目简介

抽油杆工作量规可用来检验抽油杆外螺纹和接箍内螺纹，掌握抽油杆工作量规的使用方法，可准确检验抽油杆螺纹。

2　操作前准备

2.1　穿戴整齐劳保用品。主要包括防静电工服、防静电工鞋、防油手套、安全帽。

2.2　准备工用具和材料：

毛刷1把、1in抽油杆1根、接箍适量、抽油杆工作量规(P8－1、P6－1、B2－1、B6－1各1个)、平面塞尺1套、润滑油适量、毛巾纱适量、清洁油(剂)适量。

表5－6　抽油杆常用工作量规

环塞规代号	名称	用途
P8	外螺纹通端标准环规	只用于抽油杆
		做校对规，可用于外螺纹检验争议时的仲裁
		可用作工作环规
P6	外螺纹止端标准环规	只用于抽油杆和光杆
		可用作工作环规
		做校对规，可用于外螺纹检验争议时的仲裁
		可用作工作塞规
		检验工作塞规的台肩端面垂直度
B2	内螺纹通端塞规	可用作工作塞规
B6	内螺纹止端塞规	代表内螺纹最大中径
		可用作工作塞规

3　操作步骤

3.1　清洁抽油杆螺纹、接箍螺纹、量规内外表面，检查有无损伤

3.2　通过抽油杆量规标识识别规格、名称并记录。

3.3　选取同等规格的工作量规分别旋进抽油杆和接箍螺纹。

3.4　用工作环规(图5－23)检验抽油杆外螺纹。

图5－23　P8、P6工作环规实物图

3.5　用内螺纹工作塞规检验接箍螺纹，如图5－24所示。

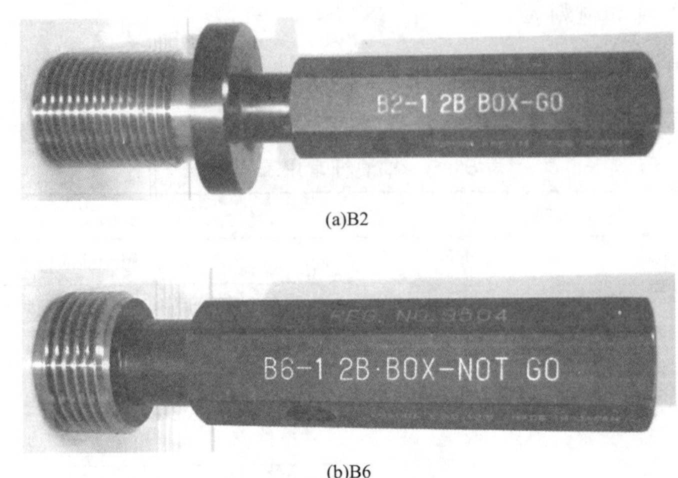

(a)B2

(b)B6

图 5－24　B2、B6 工作塞规实物图

3.6　将使用完的量规进行清洁，并涂抹润滑油保养。

3.7　填写检验报告。

3.8　整理工具，清理现场。

4　操作要点

4.1　检查抽油杆要用到的工作量规：

P8——外螺纹通端环规；P6——外螺纹止端环规。

B2——内螺纹通端塞规；B6——内螺纹止端塞规。

4.2　标识含义。

P8－1——1in 抽油杆外螺纹通端环规；P6－1——1in 抽油杆外螺纹止端环规；B2－1——1in 抽油杆接箍内螺纹通端塞规；B6－1——1in 抽油杆接箍内螺纹止端塞规。

4.3　环规检验外螺纹方法。

4.3.1　P6 旋入抽油杆外螺纹不应超过 3 圈。

4.3.2　P8 全长通过抽油杆螺纹与其台肩端面接触，在环规端面和台肩端面之间任何一点，用 0.051mm 平面塞尺(图 5－25)都应塞不进去。

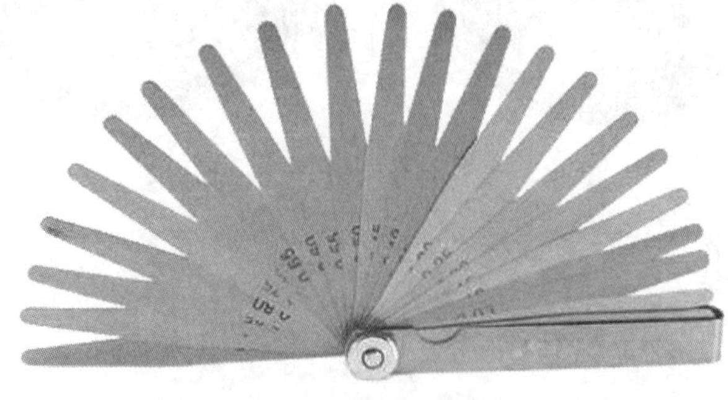

图 5－25　平面塞尺

4.3.3　外螺纹检验合格。

4.4　塞规检验接箍螺纹。

4.4.1　B6 旋入内螺纹不应超过 3 圈。

4.4.2　B2 旋入内螺纹，一直到与接箍端面接触，在塞规端面和接箍端面之间任何一点，用 0.051mm 平面塞尺都应塞不进去。

4.4.3　接箍螺纹检验合格。

4.5　量规使用时应轻拿轻放。

4.6　量规应与螺纹对中后，方可旋合。

4.7　量规旋进螺纹时，应缓慢操作。

4.8　使用量规口诀：通规通，止规止。

5　安全注意事项

5.1　规范穿戴劳保用品。

5.2　量规使用时，要轻拿轻放，避免掉落伤人。

6　应急事故预防及处置

如出现砸伤，立即停止操作，及时处理，严重时送医医治。

单元六　安全保障设备的使用

油管(杆)检修工艺流程应用到较多的安全保障设备，正确使用、维护此类设备，可有效保障生产安全、顺利运行。

项目一　普通压力表的检查及更换

1　项目简介

普通压力表(图6－1)是一种借助弹性元件受压位移，通过机械传动放大机构带动指针，在刻度盘上指示压力的仪表。选择合格的压力表，按操作规程正确检查、更换压力表。是车间生产日常管理工作中最基本的操作技能，是保证压力表准确显示真实压力数值，为设备正常使用提供准确参考的手段。

图6－1　普通压力表

2　操作前准备

2.1　穿戴整齐劳保用品。主要包括防静电工服、防静电工鞋、防油手套、安全帽。

2.2　准备工用具和材料：

螺丝刀1把、活络扳手2把、固定扳手1套、通针1根、生料带1卷、校验合格压力表2块(不同量程)、棉纱若干、纸若干、记录笔1支。

3　操作步骤

3.1　检查压力表。

3.1.1　检查压力表量程是否在使用范围。

3.1.2　检查压力表铅封是否完好。

3.1.3　检查压力表是否在检验有效期内，表盘应完好无破损。

3.1.4　关闭压力表阀门，压力表指针应落零，否则拆卸更换。

3.2　拆卸旧压力表。

3.2.1　关闭压力表控制阀门。

3.2.2　用活络扳手和固定扳手按正确方向拆卸旧压力表。

3.2.3　当压力表卸松至能用手拧动时，应边拧压力表边晃动，卸掉表内的余压，压力回零后取下压力表。

3.2.4　清理压力表接头内螺纹处生料带和杂物，疏通管线出压孔和压力表进压孔。

3.3　安装压力表。

3.3.1　在检验合格的压力表螺纹上顺时针方向缠绕生料带。

3.3.2　用手轻扶压力表找正，压力表垂直安装在接头上，旋上几扣后再使用扳手。

3.3.3　用固定扳手或活络扳手紧固压力表。

3.4　缓慢打开压力表阀门试压，观察压力上升，检查各接头处不渗不漏(如有渗漏及时处理)，全开压力表阀门，“三点一线”读取压力值，做好记录。

3.5　整理工具，清理现场。

4　操作要点

4.1　应使用检验合格的压力表。

4.2　压力表工作量程应在最大量程的1/3～2/3。

4.3　装卸压力表时不能用手拧表盘，只起扶正作用即可。

4.4　拆装压力表时，应轻上慢卸。

4.3　压力表应与表接头配套。

4.4　生料带缠绕应均匀适量，保证连接密封性，防止压力漏失。

4.5　启用和拆卸压力表时应缓慢打开或关闭调压阀，防止损坏压力表。

4.6　读取压力表数值的“三点”是指：眼睛、指针、表盘刻度。

5　安全注意事项

5.1　规范穿戴劳保用品。

5.2　压力表完全泄压后方可拆卸。

5.3　拆卸压力表时应缓慢，人应站在阀门侧面且头部偏离压力表上方，防止压力表控制阀门关闭不严造成伤害。

5.4　疏通出压孔时，面部不应对着通孔。

6　应急事故预防及处置

拆卸过程中阀门关闭不严，余压未放净，高压气体冲出，造成人身伤害。立即将受伤人员转移至安全地带，检查受伤情况，初步实施止血、包扎，若伤势严重，拨打急救电话等待急救人员救援。

项目二　手提式普通干粉灭火器的使用

1　项目简介

干粉灭火器是灭火器的一种，按照充装灭火剂的种类可以分为普通干粉灭火器和超细干粉灭火器。

油管(杆)检修工作环境存在或产生大量油、气。熟练操作干粉灭火器来扑灭油、气、电器设备的初期火灾，对保护人员、设备安全尤其重要。

岗位常用的是手提式普通干粉灭火器，如图6－2所示。熟练操作干粉灭火器，确保人员、设备安全，减少损失。

图6－2　手提式普通干粉灭火器实物图

2　操作前准备

2.1　穿戴整齐劳保用品。主要包括防静电工服、防静电工鞋、安全帽、护目镜、口罩。

2.2　准备工用具和材料：

主要包括：手提式8kg普通干粉灭火器1只、模拟起火点1处。

2.3　工用具使用状态要求。

2.3.1　干粉灭火器保险销铅封完好。

2.3.2　干粉灭火器指针位于绿色区域内。

2.3.3　灭火器喷射软管、喷嘴无破裂。

2.3.4　灭火器瓶体完整、完好。

3　操作步骤

3.1　使用手提式干粉灭火器时，应手提灭火器的压把，迅速到达起火点。

3.2　在距离起火点5m左右处，竖直放下灭火器，撕掉保险销铅封，拔出保险销。

3.3　左手握紧喷射软管，右手按下压把，手持喷嘴对准火焰根部喷射，并由近及远，左右扫射，快速推进，直至把火焰全部扑灭。

3.4　确认起火点无复燃后，将使用完的灭火器带离扑火现场。

4　操作要点

4.1　操作时应把保险销拔出，灭火器才能正常使用。

4.2　灭火时应站在着火点的上风口。

4.3　在灭火过程中灭火器应始终保持直立状态，不得横卧或颠倒使用。

4.4　禁止用手直接碰触喷嘴。

4.5　灭火时应保证灭火器压把持续按压，以保证干粉正常、连续喷射。

4.6　灭火时，禁止松开喷射软管。

5　安全注意事项

5.1　规范穿戴劳保用品。

5.2　灭火时应站在上风口，操作人员穿长袖工作服。

5.3　应避免皮肤、眼睛接触干粉或吸入造成伤害。

6　应急事故预防及处置

6.1　灭火器出现喷射软管破裂，瓶体、压力异常等情况，禁止使用。

6.2　如皮肤接触到干粉，应立即脱去污染的工衣，用肥皂水及清水彻底冲洗。

6.3　干粉进入眼睛时，应立即提起眼睑，用大量流动清水或生理盐水冲洗。

6.4　若不慎吸入干粉，应立即脱离现场至空气新鲜处。

6.5　伤害情况严重时应送医医治。

单元七　相关技能

油管(杆)修复工兼岗是钳工，具备简单的钳工技能，更有利于日常的设备维修和改进。

项目一　手钢锯锯割圆管

1　项目简介

手钢锯由锯弓和锯条两部分组成，分固定式和可调式两种。锯割圆管是将金属圆管固定在专用夹具上，操作人员持手钢锯对金属圆管进行锯割切削，锯割完成后，用锉刀完成对锯口的修整。

手工锯割具有方便、简单和灵活的特点，在实际维修工作中应用广泛，是油管(杆)修复工需要掌握的基本技能。

2　操作前准备

2.1　穿戴整齐劳保用品。主要包括防静电工服、防静电工鞋、防油手套、安全帽。

2.2　准备工用具和材料。

2.2.1　主要包括：手钢锯1把、锯条2根、钢直尺1把、台虎钳1台、平锉1把、划针1支、V形槽木垫2件、300mm圆管1根、毛刷1把、记录笔1支、A4纸1张、冷却油适量。

2.2.2　手钢锯的规格以锯条长度来表示，调节式手钢锯(图7－1)主要有200mm、250mm、300mm三种规格。固定式手钢锯主要是300mm规格。

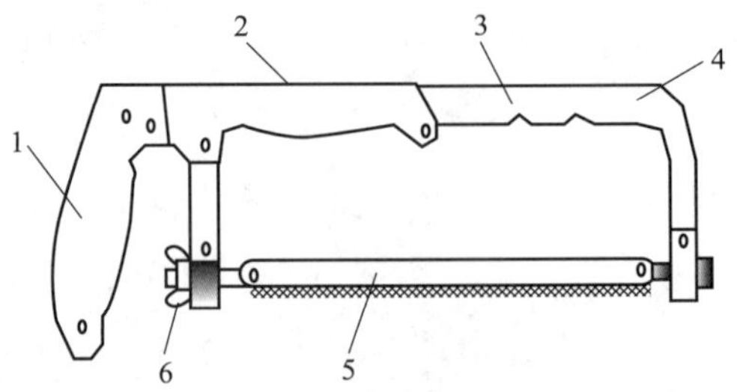

图7－1　调节式手钢锯结构示意图

1—手柄；2—主锯弓架；3—锯弓调节槽；4—活动锯弓架；5—锯条；6—紧固螺栓

2.2.3　锉刀由锉身和锉柄两部分组成，各部分名称如图7－2所示，锉刀规程等级见表7－1。

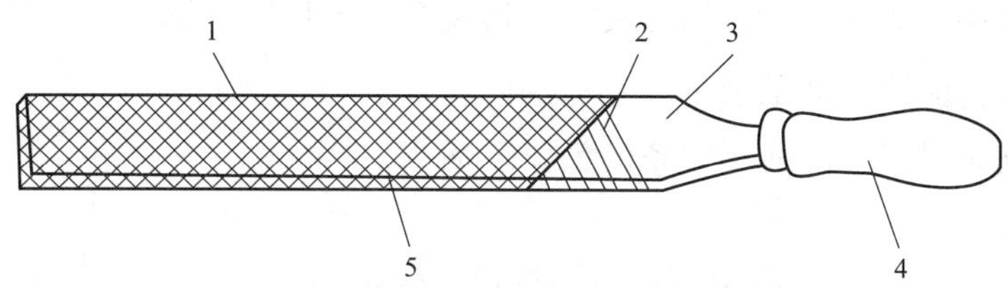

图7－2　锉刀的结构示意图

1—主锉纹；2—辅锉纹；3—锉梢；4—锉柄；5—边锉纹

表7－1　锉刀的规格等级表

等级	粗细规格	齿距/mm
1号	粗锉刀	0.83～2.3
2号	中粗锉刀	0.42～0.77
3号	细锉刀	0.25～0.33
4号	双细锉刀	0.2～0.25
5号	油光锉	0.16～0.2

2.3　工具使用状态要求。

2.3.1　清理台虎钳，并检查台虎钳是否固定牢靠，钳口是否开合灵活。

2.3.2　清洁手钢锯，并检查紧固螺栓是否灵活好用，锯弓架有无变形。

2.3.3　检查锯条有无断齿、缺齿。

3　操作步骤

3.1　松开台虎钳钳口，垫上V形槽木垫，装夹圆管。

3.2　根据给出的尺寸，用钢直尺测量后，用划针划出锯割线。

3.3　安装锯条、调整锯条的松紧度。

3.4　锯割操作。

3.5　锯割完成，松开台虎钳，取下工件，用钢直尺测量圆管最小长度，与要求尺寸比较。

3.6　根据尺寸要求，用平锉进行锉削、修整。

3.7　取下工件，测量并记录尺寸，填写报告单。

3.8　清洁台虎钳及工作平台，并取下锯条，清洁锯弓、锉刀。

3.9　整理工具，清理现场。

4　操作要点

4.1　工件夹持要牢固，不可有抖动，以防锯割时工件移动而使锯条折断。同时不可夹持过紧，防止工件变形。

4.2 工件尽量夹在台虎钳的左面，以方便操作。

4.3 划线时要压紧钢直尺，划针头要保持锐利，紧贴导向钢直尺，尽量一次性划完。

4.4 划线时，应留出锯割余量。

4.5 安装锯条时锯齿向前，锯条的松紧要适当。

4.6 锯割要求。

4.6.1 起锯角度控制在15°左右，为了起锯准确和平稳，可用左手大拇指挡住锯条来定位，起锯行程短，压力小，锯入2～3mm逐渐正常锯割，如图7－3所示。

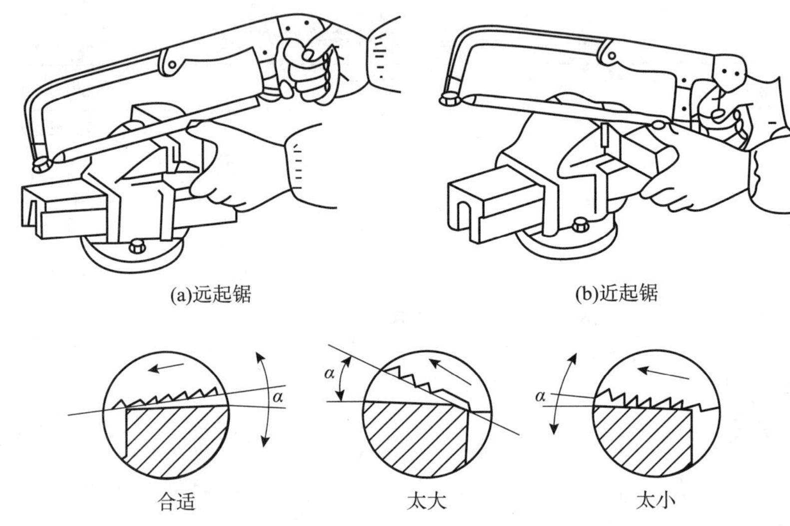

图7－3 起锯方法

4.6.2 锯割时站姿规范。手握锯弓要舒展自然，右手握住手柄向前施加压力，左手轻扶在锯弓前端，稍加压力，人体重量均匀分布在两腿上，如图7－4所示。

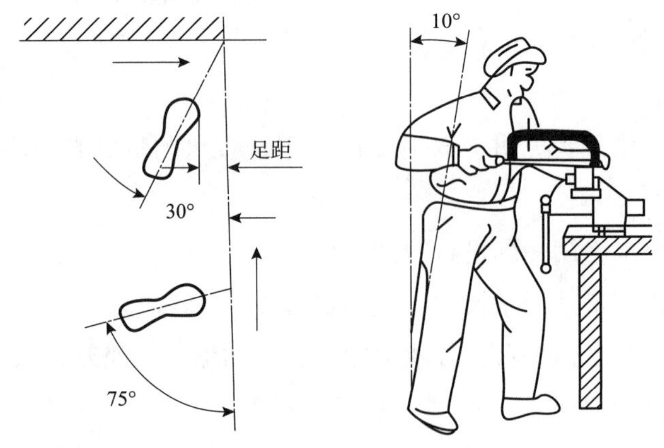

图7－4 锯割时站姿

4.6.3　锯割线应与钳口垂直，以防锯斜，锯割线离钳口不应太远，以防锯割时产生抖动。

4.6.4　锯割时手锯往返走直线，送锯加力，回程不加力，用力均匀平稳。

4.6.5　锯割时速度不宜过快，以每分钟 30～40 次为宜，并应用锯条全长的 2/3 工作，以免锯条中间部分迅速磨钝。

4.6.6　锯割过程中要给锯口加注冷却油。

4.6.7　锯割即将完成时，需用左手扶住被锯下的部分。

4.6.8　锯割完成的工件最小尺寸不应小于给出尺寸。

4.6.9　锯割完后检查锯口是否倾斜，并测量误差进行标记。

4.7　锉削要求。

4.7.1　将锉刀柄的后端顶在右手掌心，大拇指压在手柄前端并自然伸直，其余四指紧握手柄，左手放在锉刀的前端。配合右手引导锉刀，使其平直锉动。如图 7－5 所示。

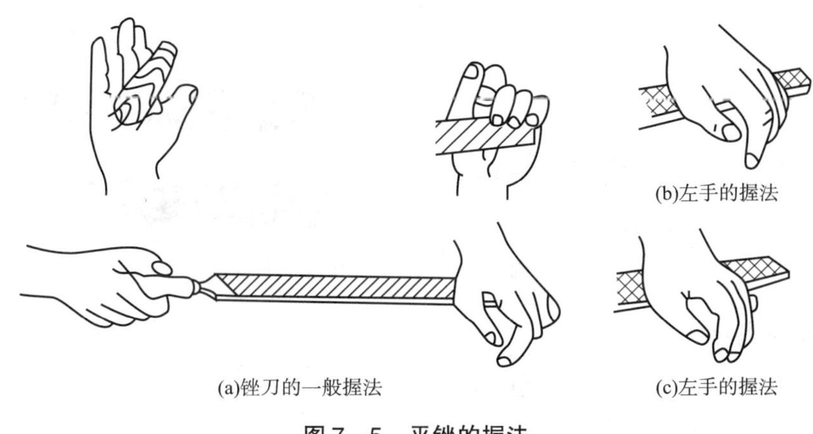

图 7－5　平锉的握法

4.7.2　圆管锯割口如有斜口，尺寸较大一端尽量放置在锉削前端。

4.7.3　圆管锉口尺寸应达到要求，锯口平整、光滑。

4.8　用钢直尺测量圆管长度并记录，误差不超过 ±2mm。

4.9　锉刀上不可沾油或水，锉刀使用完毕后应清刷干净，以免生锈。

5　安全注意事项

5.1　规范穿戴劳保用品。

5.2　锯割时压力不可过大，速度不宜过快，以免锯条折断崩出伤人。

5.3　工件即将锯断时，压力要小，避免压力过大使工件突然断开，手向前冲造成伤害。并需用左手扶住被锯下的部分，以免该部分落下时伤人。

5.4　锉削时，不应用手摸锉刀面或工件锯割面，避免锐棱刺伤。

5.5　没有装柄的锉刀或锉刀柄已经开裂的锉刀不可使用。

5.6　锉下来的屑末用毛刷清除，不应用嘴吹，以免进入眼睛。

6　应急事故预防及处置

6.1　锯割时如出现锯条断裂伤人，应立即停止操作，视情况处理，严重时送医医治。

6.2　如出现砸伤、刺伤，脏物进入眼睛，立即停止操作，及时进行处理，严重时送医医治。

项目二　攻螺纹

1　项目简介

根据螺纹公称直径计算出打孔直径，用台钻进行打孔，并使用丝锥在圆孔内表面切出内螺纹的操作，称为攻螺纹，也叫攻丝。

攻螺纹工具包括丝锥和绞手，丝锥分为头锥和二锥，如图7－6所示。头锥切削部分长，是攻螺纹的主要切削工具；二锥切削部分短，主要用于对螺纹的修整。绞手是夹持和扳转丝锥的工具。

图7－6　绞手和丝锥

2　操作前准备

2.1　穿戴整齐劳保用品。主要包括防静电工服、防静电工鞋、安全帽、防护眼镜。

2.2　准备工用具和材料：

主要包括：台钻1台、绞手1把、丝锥(头锥、二锥)1套、钢直尺1把、90°直角尺1把、划针1支、样冲1支、毛刷1把、直柄钻头1套、待钻工件1件、润滑油适量。

2.3　工具使用状态要求。

2.3.1　确认台钻主电源关闭，检查电源线路有无裸露、接地线是否牢固，操作按钮是否灵活。

2.3.2　检查丝锥刃齿是否完整，不能有崩刃现象。

2.3.3　检查绞手能否牢固固定丝锥方榫，不能有松旷、打滑现象。

3　操作步骤

3.1　划线。

3.1.1　正确使用划针(图7－7)，与钢直尺配合使用，按要求尺寸划线、找中心孔。

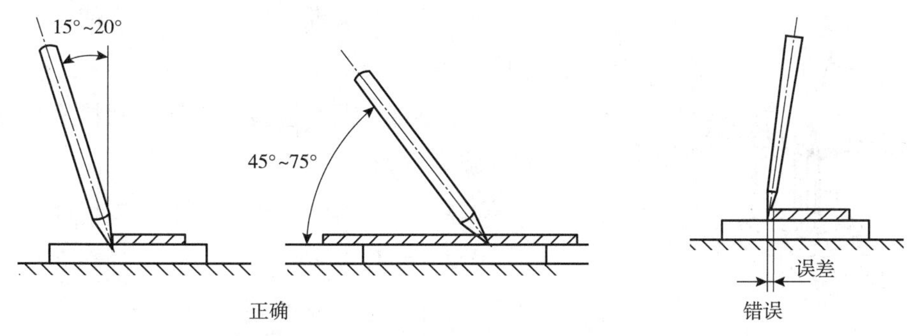

图 7 -7　划针的正确用法

3.1.2　按划线位置，正确使用样冲冲孔，如图 7 -8 所示。

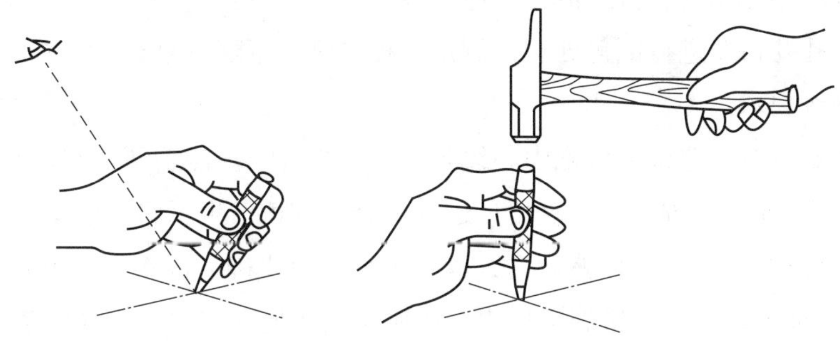

图 7 -8　样冲的正确用法

3.2　钻孔。

3.2.1　选择合适的钻头。选择方法：螺距 $t<1$mm，$d_z=d-t$；$t>1$mm，$d_z=d-(1.04\sim1.06)t$。式中 t—螺距，mm；d_z—攻丝前钻孔直径，mm；d—螺纹公称直径，mm。

3.2.2　用专用钥匙将钻头夹紧在夹具上。

3.2.3　钻孔时，先将钻头对准样冲中心钻出一浅坑，观察浅坑位置是否准确，调整找正，使浅坑与钻孔中心同轴。

3.2.4　当起钻达到钻孔位置要求后，按要求完成钻孔

3.2.5　钻孔完毕后关闭电源，待主轴自然停止后将工件从台钻处取下来。

3.3　攻螺纹。

3.3.1　将钻好孔的工件装夹在台虎钳上，孔中心垂直于钳口。

3.3.2　根据工件上螺纹孔的规格，正确选择丝锥。

3.3.3　使用头锥起攻，起攻时用右手掌按住绞手中部，并沿丝锥中线用力加压，此时左手配合做顺向旋进。或者两手握住绞手两端平衡施加压力，并将丝锥顺向旋进，如图 7 -9 所示。

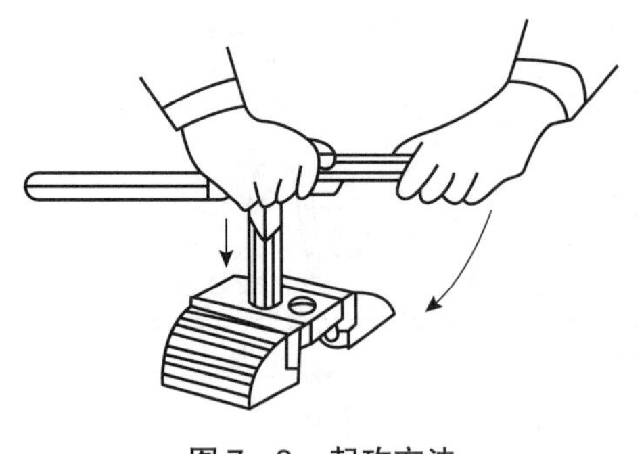

图7－9 起攻方法

3.3.4 头锥攻丝完毕后，再使用二锥进行攻削修整。

3.3.5 螺纹检验：用标准螺栓进行检验，螺纹旋进自如。

3.3.6 清洁工用具，清理现场。

4 操作要点

4.1 钻孔要求。

4.1.1 钻孔操作时用力要平稳。

4.1.2 钻孔期间不时用油壶浇注冷却液。

4.1.3 及时用毛刷或者钩子清理铁屑。

4.1.4 底孔孔口要进行倒角处理，倒角直径可略大于螺纹直径。

4.2 攻螺纹要求。

4.2.1 攻螺纹时，应保持丝锥中心线与孔中心重合，不能歪斜。在丝锥攻入1～2圈后，应在前、后、左、右方向上用直角尺进行检查，避免产生歪斜，如图7－10所示。

4.2.2 当丝锥切入3～4圈螺纹时，丝锥的位置应正确无误，不宜再有明显偏斜，且只需转动绞手，而不应再对丝锥施加压力，否则螺纹牙形会被损坏，如图7－11所示。

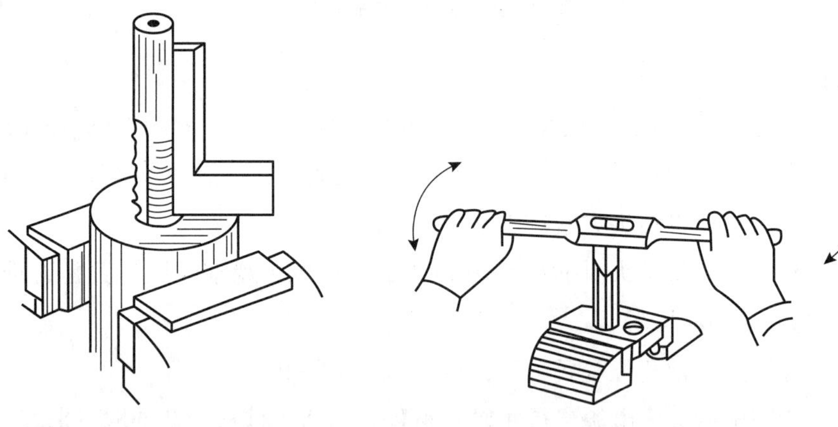

图7－10 检查螺纹垂直度　　图7－11 丝锥切入后的方法

4.2.3 攻螺纹时，每扳绞手1/2～1圈，应倒转1/4～1/2圈，使切屑碎断后容易排出，以免丝锥攻入时被卡住。

4.2.4 攻螺纹时，按头锥、二锥顺序攻削。操作过程中，应加润滑油，以减少攻削阻力。

4.2.5 用二锥时，先用手旋入，再使用绞杠操作。

4.2.6 攻螺纹时，攻削产生的碎屑应用毛刷清理。

5　安全注意事项

5.1　使用台钻时戴防护眼镜，衣服袖口须扎紧，禁止戴手套操作，女工应戴工作帽，将长发盘进工作帽内。

5.2　钻孔时，钻头应用专用钥匙夹紧、夹牢。

5.3　钻孔时，禁止头部与旋转的主轴靠得太近。

5.4　停车时，应让主轴自然停车，禁止用手刹车或者反向制动。

5.5　严禁在开车状态下拆卸工件。

5.6　钻孔或者攻螺纹时，工件应夹紧，防止脱落砸伤、碰伤。

5.7　所有项目步骤操作时用力、速度必须均衡，严禁暴力操作。

5.8　清理操作产生的碎屑时，应在各项操作或者设备完全停止的情况下进行。

5.9　清理碎屑时，禁止用嘴吹或者用手直接清理，防止碎屑进入眼睛或者刺伤手。使用毛刷清理时要轻刷慢清，避免碎屑飞溅。

6　应急事故预防及处置

6.1　如出现砸伤、刺伤或绞伤，立即停止操作，及时处理，严重时送医医治。

6.2　碎屑进入眼睛内，轻者现场进行清洁处理，严重时送医医治。

6.3　若发生触电伤害，应立刻拉闸断电，使触电者脱离电源，移至通风的地方，判断有无心跳和呼吸，采取胸外按压和人工呼吸法进行抢救，拨打急救电话。

项目三　板牙修扣

1　项目简介

板牙修扣是使用修扣工具校正损坏的外圆柱表面螺纹的操作，达到再次使用的目的。

2　操作前准备

2.1　穿戴整齐劳保用品。主要包括防静电工服、防静电工鞋、防油手套、工帽。

2.2　准备工用具和材料：

台虎钳1台、板牙1套、板牙架1套、螺丝刀1把、待修复螺栓若干、等规格标准螺母适量、钢丝刷1把、棉纱若干、铜板、机油若干。

3　操作步骤

3.1　用钢丝刷和棉纱清理待修复螺栓。

3.2　选择同等规格的板牙及板牙架(图7－12、图7－13)，并清理板牙槽内的油污和杂物。

3.3　将待修复螺栓垂直夹持在台虎钳中间位置，用铜板做衬垫。

3.4　组合安装板牙及板牙架。组合后的板牙架，如图7－14所示。

图7－12　板牙

图7－13　板牙架

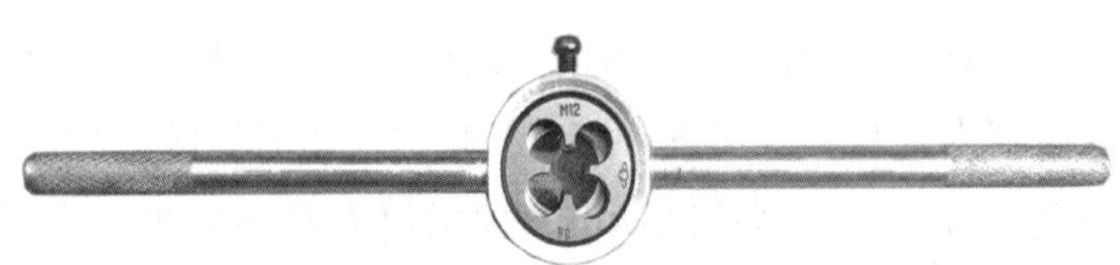

图7－14　组合板牙架

3.5　开始修螺纹时，右手握住板牙架中部，并与左手配合按螺纹旋向旋进，或两手握住板牙架手柄(两手硬靠近中间握持)，边加压力边旋转，转动要慢，应保证板牙端面与螺栓垂直。

3.6　板牙架每扳转 1/2 ～1 圈，应将板牙架倒转 1/4 圈退屑，直至螺栓根部。

3.7　反向旋转板牙架，直至退出。

3.8　将板牙从板牙架内取出，清洁、保养后摆放到指定位置。

3.9　清洁螺栓，并用同等规格的标准螺母测试螺栓修复效果，测试完后将螺栓从台虎钳上卸下，摆放到指定位置。

3.10　整理工具，清理现场。

4　操作要点

4.1　修复螺纹时，螺栓应垂直夹持在台虎钳上，伸出钳口的长度，在不影响操作的前提下，应尽量短。

4.2　板牙安装时应注意方向，有标注的一面朝外。

4.3　修复螺纹时，板牙端面应始终与螺栓轴心线保持垂直，两手用力要均匀。

4.4　要适时加注机油并清理铁屑。

4.5　夹紧修复螺栓时只能用手扳紧手柄，不得借助其他工具加力。

4.6　标准螺母在修复后的螺栓上，能手动顺利旋入，则螺栓修复完成。

5　安全注意事项

5.1　规范穿戴劳保用品。

5.2　工件固定要牢靠，工具使用要规范，防止造成人员伤害。

5.3　修复螺栓过程中，禁止用手触摸螺纹，以免划伤。

6　应急事故预防及处置

操作不当，挤伤或划伤手指，及时处理，严重时送医医治。

项目四　工件的测量与绘图

1　项目简介

根据工件的形状和结构，使用测量工具测量工件的尺寸，按照合适的比例，合理运用三视图、剖视图完整表达工件的形状、结构和尺寸，将加工图纸绘制出来。

2　操作前准备

准备工用具和材料：游标卡尺1把、三角板1套、绘图仪器1套(分规、圆规)、丁字尺1把、直尺1把、绘图板1块、铅笔H、2H、B各1支、绘图橡皮1块、绘制工件1件、绘图纸若干。

3　操作步骤

3.1　使用游标卡尺与直尺配合测量零件尺寸，并记录。

3.2　测量完毕后，正确选择图纸大小以及绘图比例(比例标准遵循GB/T 14690)。

图中图形与其实物相应要素的线性尺寸之比，称为图样的比例。比例分为原值比例、放大比例、缩小比例3种。为了在图样上直接获得实际机件大小的真实概念，应尽量采用1:1的比例绘图，如不宜采用1:1的比例时，可选择放大或缩小的比例，绘图时应优先选用“比例系列表”中的比例，见表7-2。

表7-2　比例系列表

原值比例	1:1
缩小比例	(1:1.5)　1:2(1:2.5)1:3(1:4)1:5　(1:6) $1:1\times10^n$　$(1:1.5\times10^n)$　$1:2\times10^n$　$(1:2.5\times10^n)$ $1:4\times10^n$　$1:5\times10^n$　$(1:6\times10^n)$
放大比例	2:1(2.5:1)(4:1)5:1　$1\times10^n:1(2\times10^n:1)$ $(2.5\times10^n:1)(4\times10^n:1)5\times10^n:1$

3.3　绘制图框线。

3.3.1　为了便于图样的管理与交流，绘制图样时，优先采用表7－3中规定的图纸幅面尺寸。必要时，可以按规定加长图纸的幅面。

表7－3　图纸幅面　mm

<table>
<tr><th>幅面代号</th><th>A0</th><th>A1</th><th>A2</th><th>A3</th><th>A4</th></tr>
<tr><td>$B \times L$</td><td>841×1189</td><td>594×841</td><td>420×594</td><td>297×420</td><td>210×297</td></tr>
<tr><td>a</td><td colspan="5">25</td></tr>
<tr><td>c</td><td colspan="3">10</td><td colspan="2">5</td></tr>
<tr><td>e</td><td colspan="2">20</td><td colspan="3">10</td></tr>
</table>

注：表中尺寸单位为mm。

3.3.2　在图纸上应用粗实线画出图框，其格式分为留装订边和不留装订边两种。同一产品的图样只能采用一种图框格式。

(1)需要装订的图样一般采用A3横装或A4竖装，图框格式如图7－15所示。

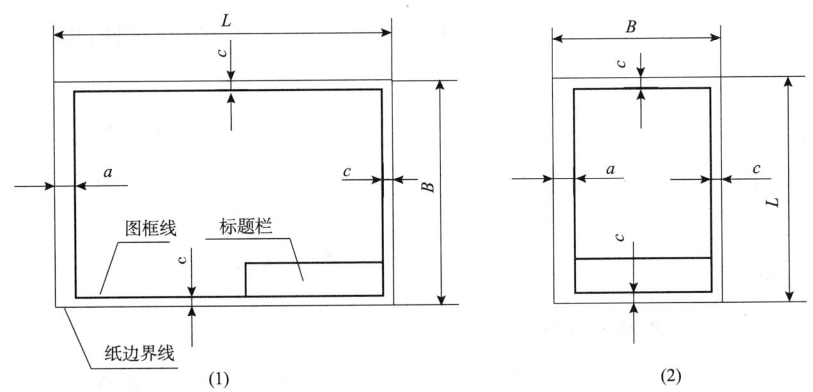

图7－15　留装订边图框格式

(2)不留装订边的图样，如图7－16所示。

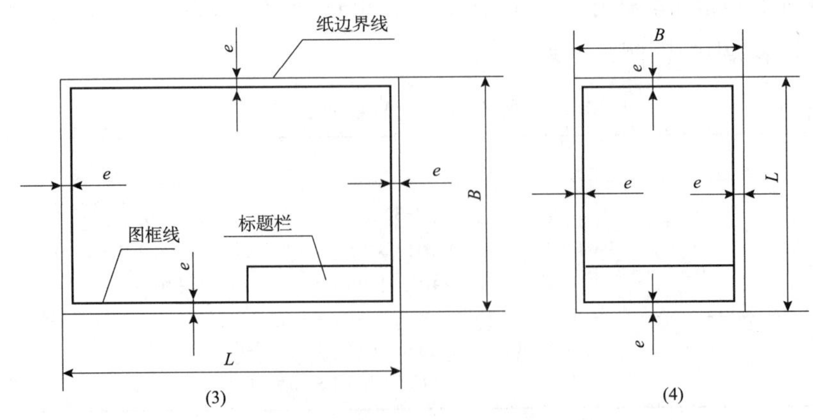

图7－16　不留装订边图框格式

3.4　标题栏的绘制。

3.4.1　按照 GB/T 10609.1 技术制图 标题栏规定，在每张图纸的右下角处要画出标题栏，其位置配置与看图方向一致。

3.4.2　标题栏用来填写零部件名称、所用材料、图形比例、图号、单位名称及设计、审核、批准等有关人员的签字。

3.4.3　在正规的图纸上，标题栏的格式和尺寸应按 GB10609.1 的规定绘制。

3.4.4　在制图学习期间，可用简化标题栏格式，如图 7-17 所示。

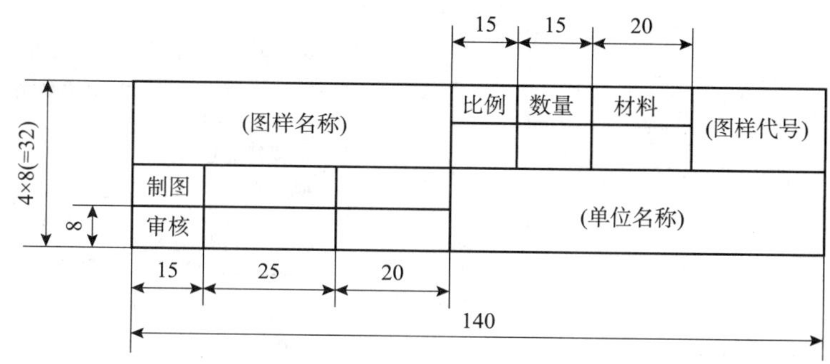

图 7-17　简化标题栏格式(图中数字单位为 mm)

3.5　在图样中书写文字或数值时，执行 GB/T 14691—1993 规定。

3.5.1　字体工整、笔画清楚、间隔均匀、排列整齐。

3.5.2　汉字应写成长仿宋体字，并应采用国家正式推行的简化字。

3.5.3　字体高度(用 h 表示，单位为 mm)的公称尺寸系列为 1.8、2.5、3.5、5、7、10、14、20。

3.5.4　字母和数字分斜体和直体两种。斜体字的字体头部向右倾斜，与水平基准线成 75°。字母和数字各分 A 型和 B 型两种字体。A 型字体的笔画宽度为字高的 1/14，B 型为 1/10。

3.5.5　字体示例，如图 7-18 所示。

横平竖直　结构均匀　注意起落　填满方格

字体工整　笔画清楚　间隔均匀　排列整齐

制图审核描图比例材料质量　石油化工机械钻井开发炼制

ABCDEFGHIJKLMNOPQRSTUVWXYZ

Abcdefghijklmnopqrstuvwxyz

1234567890　I　II　III　IV　V　VI　VII　VIII　IX　X

图 7-18　字体数字示例

3.6 图线型式及应用。

3.6.1 绘制图线时，应采用表7－4中规定的各种图线。

表7－4 图线示例

图线名称	图线形式	图线宽度	应用举例
粗实线	————————	b	可见轮廓线 可见过渡线
虚线	－－－－－－－－－－－	约 $b/3$	不可见轮廓线 不可见过渡线
细实线	————————	约 $b/3$	尺寸线、尺寸界线、剖面线、引出线及重合剖面的轮廓线螺纹的牙底线及齿轮的齿根线
波浪线	∽∽∽∽∽	约 $b/3$	断裂处的边界线 视图和剖视的分界线
点划线	—— - ———— - ——	约 $b/3$	轴线、对称中心线
双点画线	—— - - ———— - - ——	约 $b/3$	相邻辅助零件的轮廓线 极限位置的轮廓线 假想投影轮廓线
双折线	——⋀——⋀——	约 $b/3$	断裂处的边界线
粗点划线	—— - ———— - ——	b	有特殊要求的线或表面的表示线

注：虚线中的每一段长度约 $12b$，间隔约 $3b$；点划线和双点划线的长度约 $24b$，点的长度 <0.5，间隔约 $3b$。

3.6.2 图线分粗细两种，粗线宽度 b 应按图的大小和复杂程度在0.5～2mm之间选择，推荐系列为0.5mm，0.7mm，1.0mm，1.4mm，2mm。细线的宽度约为粗线的 $b/3$。图线应用见图7－19。

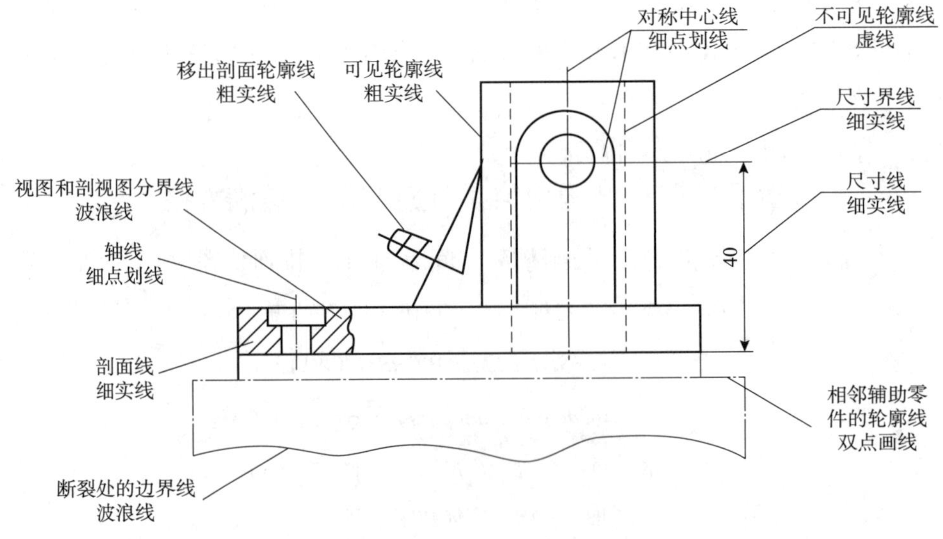

图7－19 图线应用举例

3.7　按工件内外形状特征布局主视图、俯视图、左视图位置，画出基准线(对称线、中心线)，如图 7－20 所示。

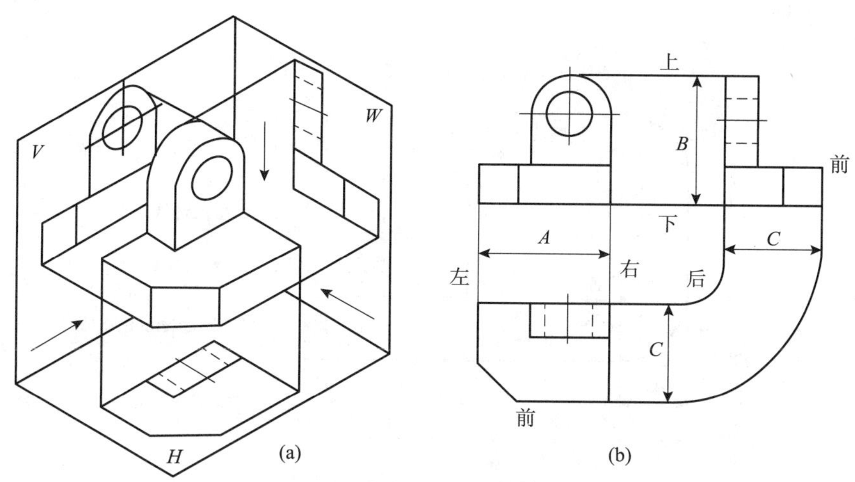

(a)　　(b)

图 7－20　三视图的形成

3.7.1　在三视图中立体的结构位置有如下对应关系：

主、俯视图——见左右；主、左视图——分上下；俯、左视图——列前后。

3.7.2　三视图具有以下投影规律：

主、俯视图——长对正；主、左视图——高平齐；俯、左视图——宽相等。

3.8　按已测尺寸绘制各个视图，并使用标准线型(图 7－21)。

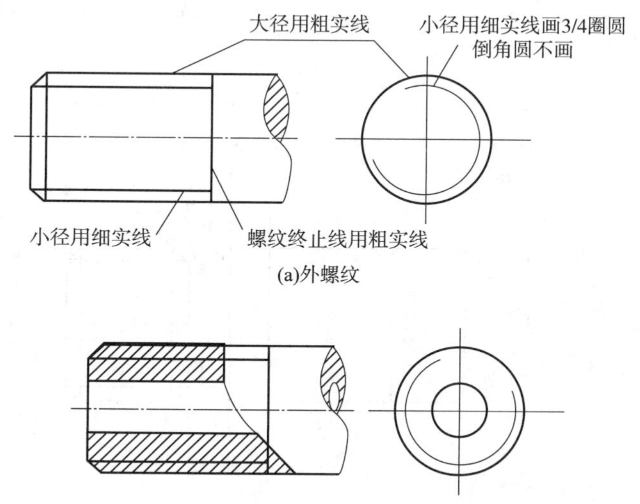

(a)外螺纹

(b)外管螺纹

图 7－21　线型举例

3.9　尺寸标注应符合 GB/T 16675.2—2012 规定。

3.9.1　一个完整的的尺寸应包括尺寸界线、尺寸线、尺寸数字、尺寸终止端及符号等，如图 7－22 所示。

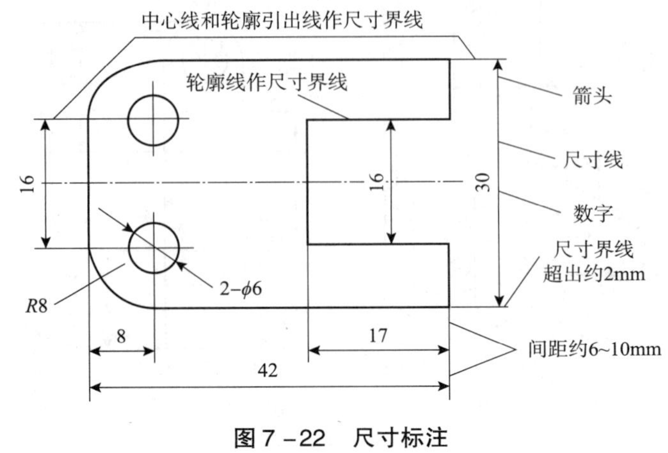

图 7－22　尺寸标注

3.9.2　工件的大小应以图样上所注的尺寸数值为依据，与图形的大小及绘图准确度无关。

3.9.3　图样尺寸一般以 mm 为单位，且不写名称或代号，如采用其他单位，则需注明。

3.9.4　工件的每一尺寸，一般只标注一次，应标注在反映该结构最清晰的图形上。

3.9.5　尺寸数字：线性尺寸数字，一般写在尺寸线的上方，也允许注写在尺寸的中断处，如图 7－23 所示。

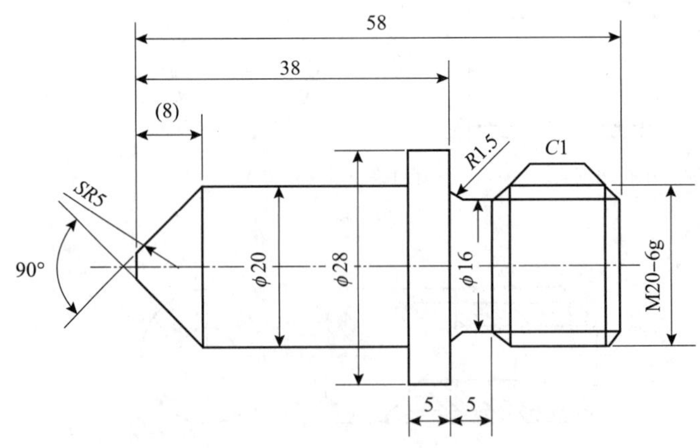

图 7－23　尺寸数字注写位置

3.10　绘图时用符号区分不同类型的尺寸，见表 7－5 所示。

表 7－5　各种常用符号及表示意义

符号	意义	举例	符号	意义	举例
ϕ	表示直径	ϕ20	□	表示正方形	□15 × 15
R	表示半径	R10	×	参数分隔符	3 × ϕ12
S	表示球面	SR10	±	表示正负偏差	±0. 18
M	表示螺纹	M16	δ	薄板零件厚度	δ6

3. 11　填写标题栏及技术要求。

3. 12　对图面进行清洁。

4　操作要点

4. 1　以螺纹的画法为例，讲述绘图要点。

在实际生产中没有必要画出螺纹的真实形状，为了便于绘图，GB/T 4459. 1—1995 对螺纹的画法作了明确规定。

4. 1. 1　外螺纹的画法要点，如图 7－24 所示。

(1) 螺纹大径画粗实线，小径画细实线，终止线画粗实线。

(2) 在投影为圆的视图中，大径画粗实线圆，小径用细实线画 3/4 圆，倒角圆省略不画。

(3) 当需要表示螺纹收尾时，螺尾部分的牙底用与轴线成 30°的细实线绘制。

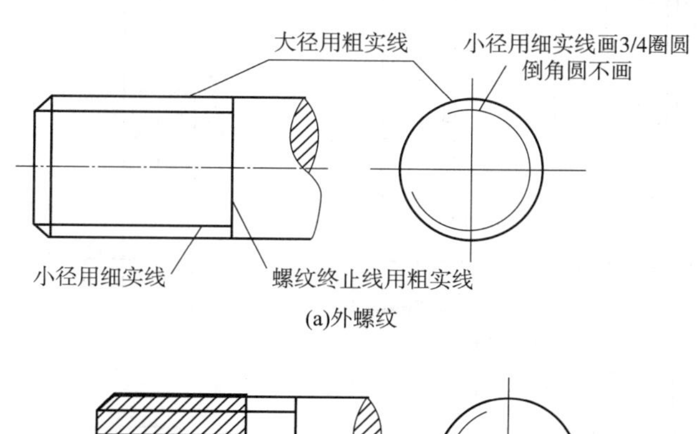

(a)外螺纹

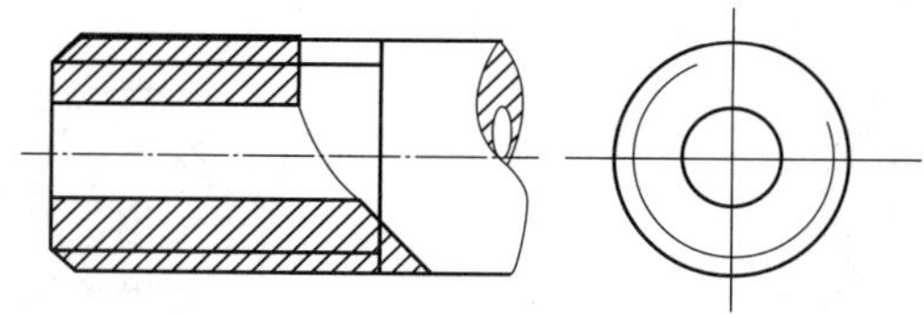

(b)外管螺纹

图 7－24　外螺纹的画法

4. 1. 2　内螺纹的画法要点，如图 7－25 所示。

(1) 内螺纹未被剖切时，所有有关螺纹结构的线均画成虚线。

(2)在剖视图中，螺纹小径画粗实线，大径画成细实线。终止线画成粗实线，剖面线要画到小径粗实线为止。

(3)在投影为圆的视图中，小径画粗实线圆，大径用细实线画 3/4 圆，倒角圆省略不画。一般不通孔的钻孔深度比螺纹长度要长约 0.5d(d——螺纹大径)，锥角 120°不需标注。

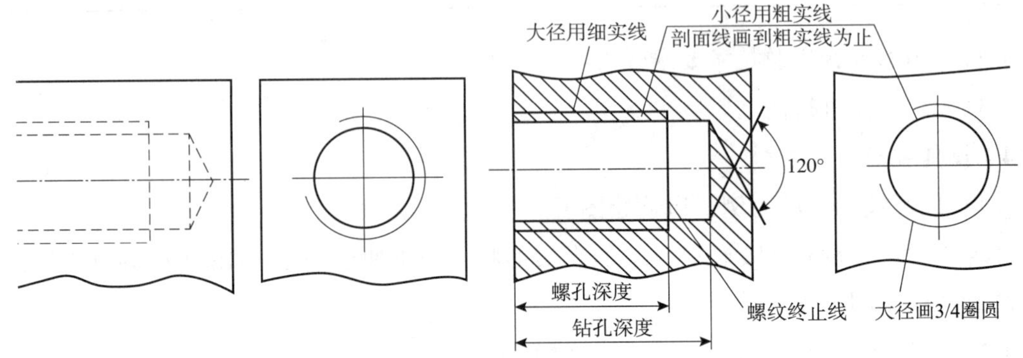

图 7-25 内螺纹的画法

4.1.3 螺栓的规定画法及简化画法要点，如图 7-26 所示。

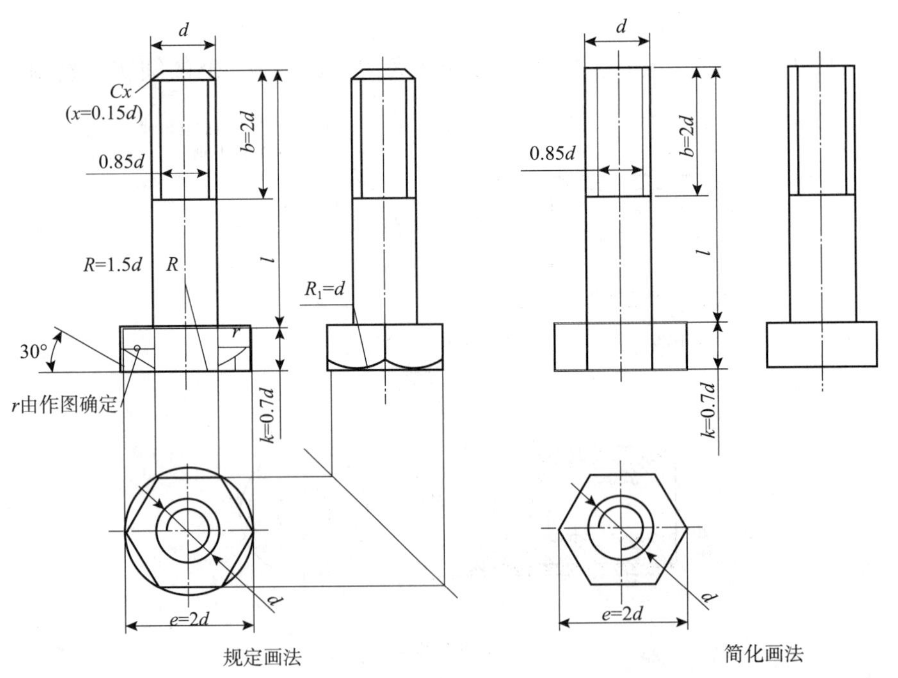

图 7-26 螺栓的规定画法与简化画法

4.1.4 螺母和垫圈的画法要点，如图 7-27 所示。

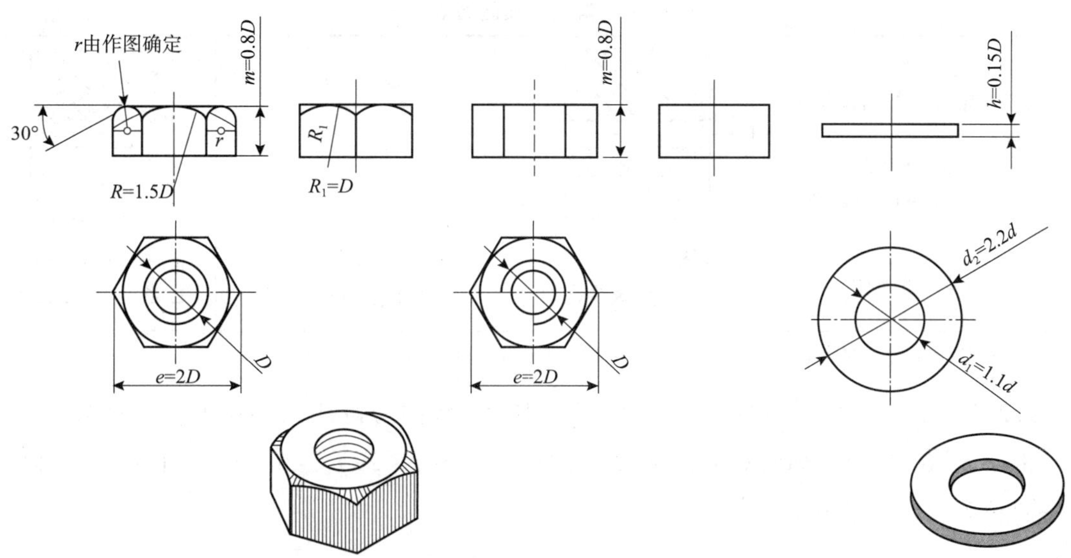

图 7－27　螺母垫圈的画法要点

4.2　以剖视图的画法为例，讲述绘图要点。应遵循 GB/T 4457.5—2013 规定。

假想用一个平面通过工件的对称中心线把机件剖开，将处于观察者和剖切平面之间的部分移去，将剩余部分向投影面进行投影，所得到的图形叫剖视图，简称剖视，如图 7－28 所示。

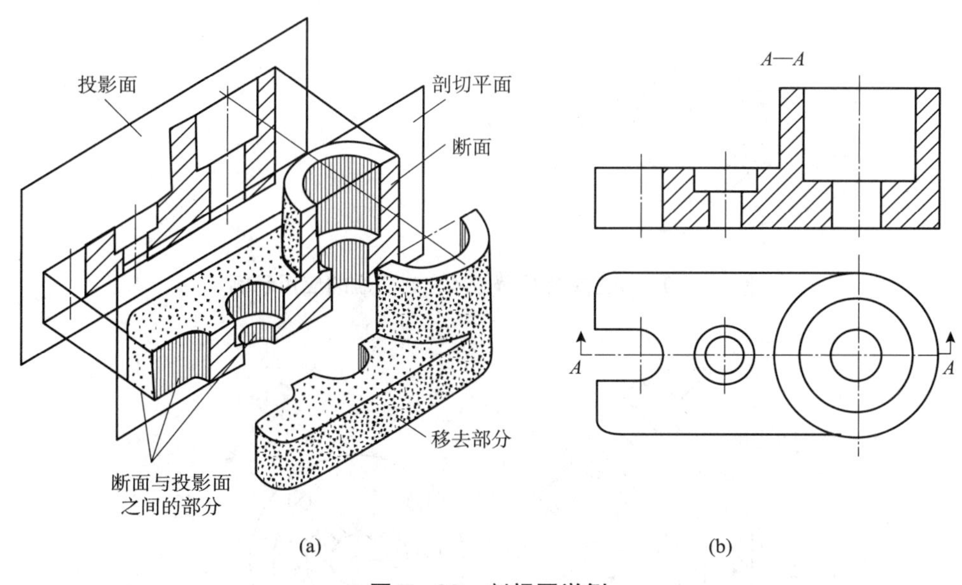

图 7－28　剖视图举例

4.2.1　在剖视图中，一般采用剖面符号填充表示剖面区域，常用的剖面符号如表 7－6 所示。

表7-6 常用剖面区域表示法

金属材料 (已有规定剖面符号者除外)		钢筋混凝土	
非金属材料 (已有规定剖面符号者除外)		砖	
基础周围的泥土		玻璃及供观察用的 其他透明材料	

注：剖面符号仅表示材料的类型，材料的名称和代号另行注明。

4.2.2 在同一金属零件的图中，剖视图中的剖面线应画成间隔相等、方向相同且一般与剖面区域的主要轮廓或对称线成45°的平行线(图7-29)。必要时，剖面线也可画成与主要轮廓线成适当角度(图7-30)。

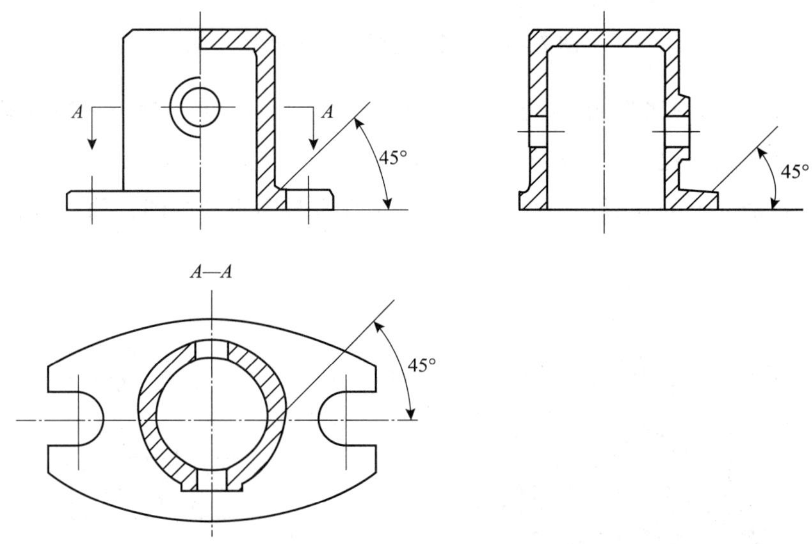

图7-29 与主要轮廓线成45°剖面线的应用示例

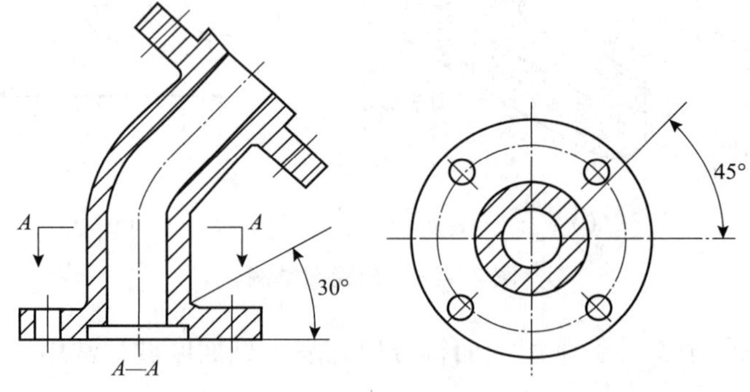

图7-30 与主要轮廓线成适当角度剖面线的应用示例

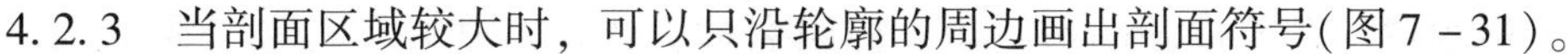

4.2.3　当剖面区域较大时，可以只沿轮廓的周边画出剖面符号(图 7－31)。

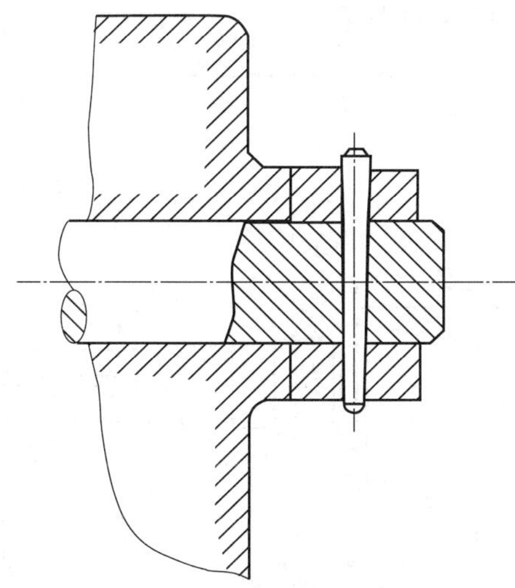

图 7－31　剖面区域较大时可以只沿轮廓的周边画出剖面符号

4.2.4　如仅需画出被剖切后的一部分图形，其边界又不画断裂边界线时，则应将剖面线绘制整齐(图 7－32)。

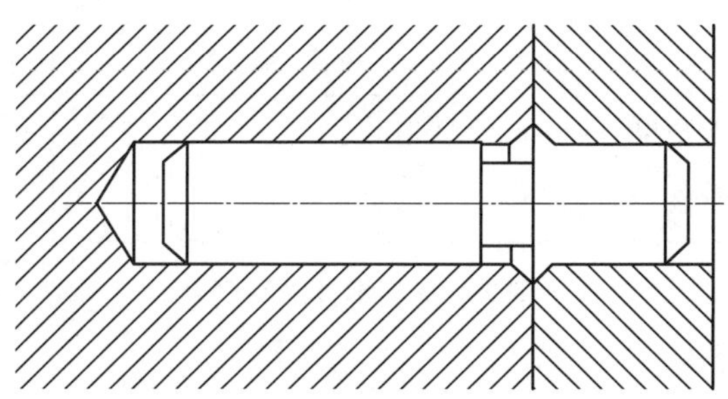

图 7－32　被剖区域无断裂边界线时的剖面线画法

4.3　以零件图画法为例，讲述绘图要点。

零件图是制造和检验零件的主要图样。它不仅应将零件的结构形状、尺寸大小、材料等表达清楚，而且还要对零件的加工、检验、测量提出必要的技术要求。

一张完整的零件图应包括下列内容：

4.3.1　一组视图。能够清晰、完整地表达出零件的内外形状和结构。视图的表达方法可是视图、剖视图、断面图、局部放大图等。

4.3.2　标注尺寸。零件图中应正确、完整、清晰、合理地标注出零件的结构形状和位置尺寸，以满足零件加工制造、检验零件时的需要。

4.3.3　技术要求。必须用规定的符号、数字和文字简明地表达出制造和检验时应达到技术要求，如表面粗糙度、尺寸公差、形状和位置公差、热处理、表面处理等。

4.3.4 标题栏。在零件图的右下角，标明名称、数量、材料、比例、图号，以及设计、制图、审核人员等。如图 7-33 所示。

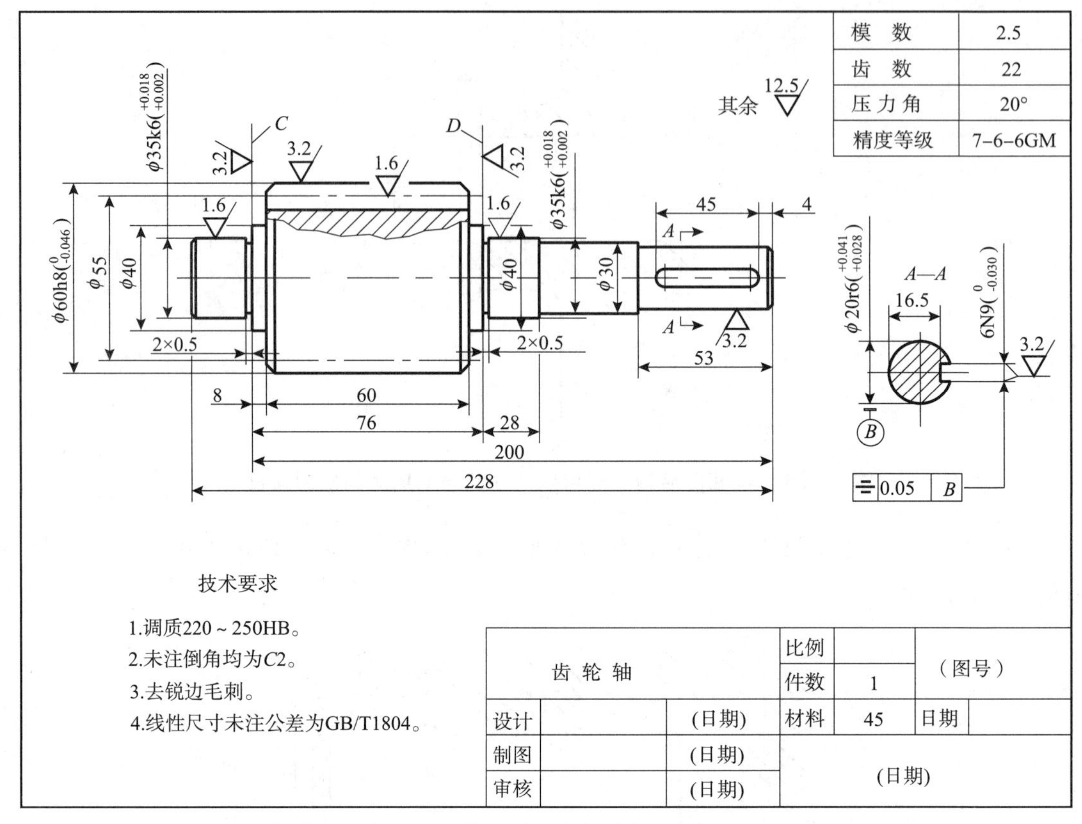

图 7-33 零件图举例

附录

油管（杆）修复工技能操作系列岗位员工学习地图

单位：××采油厂　　　　岗位：油管（杆）修复工

职位层级	工作职责	能力要求	学习内容模块	课程包序列
初级工	1. 负责管杆检修前期处理工作	1.1 具备识别油管的能力	1.1.1 油管的识别	
			1.1.2 油管接箍的识别	
		1.2 具备识别常用抽油杆的能力	1.2.1 常用抽油杆的识别	
			1.2.2 常用抽油杆接箍的识别	
		1.3 具备油管检修前期处理的能力	1.3.1 油管检修工艺基础知识	
			1.3.2 油管清洗	
			1.3.3 油管通径	
		1.4 具备抽油杆检修前期处理的能力	1.4.1 抽油杆检修工艺基础知识	
			1.4.2 抽油杆清洗	
			1.4.3 抽油杆接箍拆卸	
			1.4.4 抽油杆杆头清理	
		1.5 具备使用辅助工用具的能力	1.5.1 管钳的正确使用	
			1.5.2 手钢锯锯割钢管	
			1.5.3 游标卡尺的正确使用	
			1.5.4 内外卡钳的正确使用	

续表

职位层级	工作职责	能力要求	学习内容模块	课程包序列
中级工	2. 负责油管杆缺陷检测的工作	2.1 具备识别油管(杆)等级的能力	2.1.1 油管等级的识别	
			2.1.2 抽油杆等级的识别	
		2.2 具备油管缺陷检修能力	2.2.1 油管试压	
			2.2.2 油管探伤	
			2.2.3 油管接箍装配	
		2.3 具备抽油杆缺陷检修能力	2.3.1 抽油杆杆体探伤	
			2.3.2 抽油杆杆头探伤	
	3. 负责油管杆生产报表的制作	3.1 具备制作油管杆检修生产报表的能力	3.1.1 抽油杆检修生产报表的制作	
			3.1.2 油管检修生产报表的制作	
	4. 负责简单工件图的绘制工作	4.1 具备绘制简单工件图的能力	4.1.1 机械制图基本知识	
			4.1.2 简单螺栓图绘制	
	5. 负责常用设备、工具的使用保养	5.1 具备液压拧扣机的保养能力	5.1.1 液压拧扣机的保养	
		5.2 具备试压泵的保养能力	5.2.1 试压泵的保养	
		5.3 具备检查和更换压力表的能力	5.3.1 普通压力表的检查	
			5.3.2 普通压力表的更换	
		5.4 具备检查、使用干粉灭火器的能力	5.4.1 干粉灭火器的检查	
			5.4.2 干粉灭火器的使用	
		5.5 具备使用辅助工用具的能力	5.5.1 内外卡钳的正确使用	
			5.5.2 台钻的正确使用	
高级工	6 负责常用设备的维修工作	6.1 具备排除液压拧扣机故障的能力	6.1.1 液压拧扣机故障分析	
			6.1.2 液压拧扣机常见故障排除	
		6.2 具备排除试压机故障的能力	6.2.1 试压机故障分析	
			6.2.2 试压机常见故障排除	

续表

职位层级	工作职责	能力要求	学习内容模块	课程包序列
高级工	6　负责常用设备的维修工作	6.3　具备排除气路故障的能力	6.3.1　气路一般故障分析	
			6.3.2　气路一般故障排除	
		6.4　具备检修气缸的能力	6.4.1　气缸常见故障分析	
			6.4.2　气缸常见故障排除	
		6.5　具备检修电磁阀的能力	6.5.1　电磁阀故障分析	
			6.5.2　电磁阀故障排除	
		6.6　具备检查保养传输线微型电机的能力	6.6.1　传输线微型电机的抽芯检查	
		6.7　具备绘制工件图的能力	6.7.1　工件图绘制	
			6.7.2　剖视图基本知识	
技师	7　负责产品质量的检验工作	7.1　具备检验油管杆检修合格品质量的能力	7.1.1　抽油杆检修成品人工抽检	
			7.1.2　油管检修成品人工抽检	
		7.2　具备分析油管杆失效的能力	7.2.1　油管失效分析	
			7.2.2　抽油杆失效分析	
		7.3　具备检修抽油杆探伤探头的能力	7.3.1　抽油杆杆体探伤探头总成检修	
			7.3.2　抽油杆杆体探伤参数调整	
		7.4　具备调整油管探伤参数的能力	7.4.1　油管探伤探头检查	
			7.4.2　油管探伤参数调整	
		7.5　具备使用油管工作量规的能力	7.5.1　油管工作量规的结构及工作原理	
			7.5.2　油管工作量规的使用	
		7.6　具备使用抽油杆工作量规的能力	7.6.1　抽油杆工作量规的结构及工作原理	
			7.6.2　抽油杆工作量规的使用	
		7.7　具备绘制零件图的能力	7.7.1　机械制图常用技巧的了解	
			7.7.2　常见零件图的绘制	

参考文献

[1]廖桂枝．油管(杆)修复工．1 版．北京：中国石化出版社，2016.

[2]段明兴，宋庆忠．油管(杆)修复工．1 版．中国石油大学出版社，2009.

[3]吴佩年，宫娜．机械制图实用手册．1 版．北京：化学工业出版社，2019.

[4]技术制图 标题栏．GB/T 10609. 1—2008.

[5]技术制图 比例．GB/T 14690—1993.

[6]机械制图 图样画法 图线．GB/T 4457. 4—2002.

[7]技术制图 字体．GB/T 14691—1993.

[8]机械制图 尺寸标注．GB/T 16675. 2—2012.

[9]机械制图 螺纹及螺纹紧固件表示．GB/T 4459. 1—1995.

[10]技术制图 图纸幅面和格式．GB/T 14689—2008.

[12]抽油杆．SY/T 5029—2013. 石油天然气行业标准．

[13]抽油杆维护和使用推荐做法．SY/T 5643—2010. 石油天然气行业标准．

[14]石油天然气工业 油气井套管或油管用钢管．GB/T 19830—2017.

[15]套管、油管和管线管螺纹的加工、测量和检验规范．API SPEC 5B，第 15 版，2008.

[16]套管和油管规范．API SPEC 5CT. 9 版，2011.

[17]成大先．机械设计手册(1 版)．北京：化学工业出版社，2015.

[18]成大先．机械设计手册(单行本)．液压传动(1 版)．北京：化学工业出版社，2016.

[19]成大先．机械设计手册(单行本)．连接与紧固(1 版)．北京：化学工业出版社，2016.

[20]刘森．机械加工常用测量技术手册．北京：金盾出版社，2013.

[21]傅成昌，傅晓燕．几何量公差与技术测量(1 版)．北京：石油工业出版社，2013.

[22]冯利．钳工技能(1 版)．北京：机械工业出版社，2014.

[23]欧阳波仪．钳工入门(1 版)．北京：化学工业出版社，2012.

[24]赵玉霞，苏和堂．钳工技能训练(1 版)．合肥：安徽科学技术出版社，2013.

[25]何显斌．采油作业实用读本(1 版)．北京，石油工业出版社，2018.